COMO AUMENTAR A ENERGIA PARA A HUMANIDADE

FUNDAÇÃO EDITORA DA UNESP

Presidente do Conselho Curador
Mário Sérgio Vasconcelos

Diretor-Presidente / Publisher
Jézio Hernani Bomfim Gutierre

Superintendente Administrativo e Financeiro
William de Souza Agostinho

Conselho Editorial Acadêmico
Divino José da Silva
Luís Antônio Francisco de Souza
Marcelo dos Santos Pereira
Patricia Porchat Pereira da Silva Knudsen
Paulo Celso Moura
Ricardo D'Elia Matheus
Sandra Aparecida Ferreira
Tatiana Noronha de Souza
Trajano Sardenberg
Valéria dos Santos Guimarães

Editores-Adjuntos
Anderson Nobara
Leandro Rodrigues

NIKOLA TESLA

Como aumentar a energia para a humanidade

Com destaque à energia solar

Tradução
Bruno Arderucio Costa

© 2023 Editora Unesp

Título original: *The Problem of Increasing Human Energy: With Special Reference to the Harnessing of the Sun's Energy*

Direitos de publicação reservados à:
Fundação Editora da Unesp (FEU)
Praça da Sé, 108
01001-900 – São Paulo – SP
Tel.: (0xx11) 3242-7171
Fax: (0xx11) 3242-7172
www.editoraunesp.com.br
www.livrariaunesp.com.br
atendimento.editora@unesp.br

Dados Internacionais de Catalogação na Publicação (CIP)
de acordo com ISBD
Elaborado por Vagner Rodolfo da Silva – CRB-8/9410

T337c   Tesla, Nikola

Como aumentar a energia para a humanidade: com destaque à energia solar / Nikola Tesla; traduzido por Bruno Arderucio Costa. – São Paulo: Editora Unesp, 2023.

Tradução de: *The Problem of Increasing Human Energy: With Special Reference to the Harnessing of the Sun's Energy*

ISBN: 978-65-5711-194-9

1. Ciências Tecnológicas. I. Arderucio Costa, Bruno. II. Título.

	CDD 600
2023-1366	CDU 6

Índice para catálogo sistemático:

1. Ciências Tecnológicas 600
2. Ciências Tecnológicas 6

Editora afiliada:

Asociación de Editoriales Universitarias
de América Latina y el Caribe

Associação Brasileira de
Editoras Universitárias

Sumário

Capítulo I – O movimento para a frente do homem – A energia do movimento – As três formas de aumentar a energia humana   9

Capítulo II – O primeiro problema: como aumentar a massa humana – A queima do nitrogênio atmosférico   19

Capítulo III – O segundo problema: como reduzir a força retardando a massa humana – A arte da teleautomação   33

Capítulo IV – O terceiro problema: como aumentar a força que acelera a massa humana – O aproveitamento da energia do Sol   53

Capítulo V – A fonte de energia humana – As três formas de extrair energia do Sol   57

Capítulo VI – Grandes possibilidades
oferecidas pelo ferro para aumentar
o desempenho humano – Enormes
resíduos na fabricação do ferro   61

Capítulo VII – Produção econômica de ferro
por um novo processo   65

Capítulo VIII – O amadurecimento do
alumínio – A ruína da indústria do
cobre – A grande potencialidade
civilizadora do novo metal   69

Capítulo IX – Esforços para obter mais
energia do carvão – A transmissão
elétrica – O motor a gás – A bateria de
carvão frio   77

Capítulo X – Energia do meio – Moinho de
vento e motor solar – Força motriz do
calor terrestre – Eletricidade de fontes
naturais   83

Capítulo XI – Um desvio dos métodos
conhecidos – Possibilidade de um motor
ou máquina "autoatuante", inanimado,
contudo capaz, como um ser vivo, de
derivar energia do meio – A maneira
ideal de obter energia motriz   91

Capítulo XII – Primeiros esforços para
produzir o motor autoatuante –
O oscilador mecânico – Obra de Dewar
e Linde – Ar líquido   99

Capítulo XIII – Descoberta de propriedades
inesperadas da atmosfera –
Experimentos estranhos – Transmissão

de energia elétrica por um fio sem
retorno – Transmissão pela terra sem
fio   107

Capítulo XIV – Telegrafia "sem fio" –
O segredo da sintonia – Erros nas
investigações hertzianas – Um receptor
de sensitividade maravilhosa   115

Capítulo XV – Desenvolvimento de um novo
princípio – O oscilador elétrico –
Produção de imensos movimentos
elétricos – A Terra responde ao homem –
Comunicação interplanetária agora
provável   123

Capítulo XVI – Transmissão de energia
elétrica a qualquer distância sem fios –
Agora praticável – O melhor meio de
aumentar a força acelerando a massa
humana   133

Capítulo I
O movimento para a frente do homem – A energia do movimento – As três formas de aumentar a energia humana

De toda a infinita variedade de fenômenos que a natureza apresenta aos nossos sentidos, não há nenhum que encha nossa mente de maior admiração do que o movimento inconcebivelmente complexo que, em sua totalidade, designamos como vida humana. Sua origem misteriosa está coberta na névoa eternamente impenetrável do passado, seu caráter se torna incompreensível por sua imensa complexidade e seu destino está oculto nas profundezas insondáveis do futuro. De onde ela vem? O que ela é? Para onde tende? São as grandes questões que os sábios de todos os tempos se esforçaram para responder.

A ciência moderna diz: o Sol é o passado, a Terra é o presente, a Lua é o futuro. De uma massa incandescente nos originamos, e em uma massa congelada nos transformaremos. Impiedosa é a lei da natureza, e rápida e irresistivelmente somos atraídos para nossa ruína. Lord Kelvin, em suas profundas meditações, permite-nos apenas um curto período de vida, algo como 6 milhões de anos, após o qual a luz brilhante do Sol terá cessado de brilhar e seu calor, que habilita a vida, terá diminuído, e nossa própria Terra será um pedaço de gelo, apressando-se pela noite eterna. Mas não nos desesperemos. Ainda restará sobre ela uma faísca brilhante de vida e haverá uma chance de acender um novo fogo em alguma estrela distante. Essa maravilhosa possibilidade parece, de fato, existir, a julgar pelos belos experimentos do professor Dewar com ar líquido, que mostram que os germes da vida orgânica não são destruídos pelo frio, por mais intenso que seja; consequentemente, eles podem ser transmitidos através do espaço interestelar. Enquanto isso, as luzes animadoras da ciência e da arte, cada vez mais intensas, iluminam nosso caminho, e as maravilhas que elas revelam e os prazeres que oferecem nos fazem esquecer o futuro sombrio.

Embora possamos nunca ser capazes de compreender a vida humana, sabemos com certeza que é um movimento, seja qual for a sua natureza. A existência do movimento implica inevitavelmente um corpo sendo movido e uma força que o move. Assim, onde quer que haja vida, há uma massa movida por uma força. Toda massa possui inércia, toda força tende a persistir. Devido a essa propriedade universal e condição, um corpo, esteja em repouso ou em movimento, tende a permanecer no mesmo estado, e uma força, manifestando-se em qualquer lugar e por qualquer causa, produz uma força oposta equivalente e, como uma absoluta necessidade, segue disso que todo movimento na natureza deve ser rítmico. Há muito tempo, essa simples verdade foi claramente apontada por Herbert Spencer, que chegou a ela por meio de um processo de raciocínio um tanto diferente. Ela é confirmada em tudo o que percebemos – no movimento de um planeta, na subida e descida da maré, nas reverberações do ar, no balançar de um pêndulo, nas oscilações de uma corrente elétrica, e nos fenômenos infinitamente variados da vida orgânica. Toda a vida humana não o atesta? Nascimento, crescimento, velhice e morte de um indivíduo, família, raça ou nação, o que é tudo isso senão um ritmo? Toda manifestação de vida, então, mesmo em sua forma mais intrincada, como exemplificada no homem, por mais complexa e inescrutável que seja, é apenas um movimento, ao qual devem ser aplicadas as mesmas leis gerais de movimento que governam todo o universo físico.

Quando falamos do homem, temos uma concepção da humanidade como um todo, e, antes de aplicar os métodos científicos à investigação de seu movimento, devemos aceitá-lo como um fato físico. Mas alguém pode duvidar hoje que todos os milhões de indivíduos e todos os inumeráveis tipos e personagens constituem uma entidade, uma unidade?

Figura 1. Queima de nitrogênio na atmosfera.

Este resultado é produzido pela descarga de um oscilador elétrico dando 12 milhões de volts. A pressão elétrica, alternando 100 mil vezes por segundo, excita o nitrogênio normalmente inerte, fazendo que ele se combine com o oxigênio. A descarga em forma de chama mostrada na fotografia mede 65 pés [aproximadamente 20 metros] de um lado ao outro.

Embora livres para pensar e agir, somos mantidos juntos, como as estrelas no céu, com amarras inseparáveis. Essas amarras não podem ser vistas, mas podemos senti-las. Eu corto meu dedo, e isso dói em mim: esse dedo faz parte de mim. Vejo um amigo machucado, e isso me machuca também: meu amigo e eu somos um só. E agora vejo um inimigo abatido, um pedaço de matéria com o qual, de todos os pedaços de matéria do universo, menos me importo, e ainda me entristece. Isso não prova que cada um de nós é apenas parte de um todo?

Por eras, essa ideia foi proclamada nos ensinamentos consumadamente sábios da religião, é provável que não apenas como um meio de assegurar a paz e a harmonia entre os homens, mas como uma verdade profundamente fundamentada. O budista a expressa de uma forma, o cristão de outra, mas ambos dizem o mesmo: somos todos um. As provas metafísicas não são, entretanto, as únicas que podemos apresentar em apoio a essa ideia. A ciência também reconhece essa conexão de indivíduos separados – embora não exatamente no mesmo sentido em que admite que estrelas, planetas e luas de uma constelação são um corpo –, e não pode haver dúvida de que ela será confirmada experimentalmente em tempos futuros, quando nossos métodos para investigar estados psíquicos e outros estados e fenômenos tiverem sido levados à perfeição. Mais ainda: este único ser humano continua a viver mais e mais. O indivíduo é efêmero, raças e nações vêm e passam, mas o homem permanece. Aí reside a profunda diferença entre o indivíduo e o todo. Também aí se encontra a explicação parcial de muitos desses maravilhosos fenômenos da hereditariedade, que são o resultado de incontáveis séculos de influência fraca, mas persistente.

Conceba, então, o homem como uma massa impelida por uma força. Embora esse movimento não seja de caráter translatório, implicando mudança de posição, as leis gerais do movimento mecânico são aplicáveis a ele, e a energia associada a essa massa pode ser medida, de acordo com princípios bem conhecidos, pela metade do produto da massa pelo quadrado de certa velocidade. Então, por exemplo, uma bala de canhão que está em repouso possui uma certa quantidade de energia na forma de calor, que medimos de maneira semelhante. Imaginamos que a bola é constituída por inúmeras partículas minúsculas, chamadas átomos ou moléculas, que vibram ou giram em torno umas das outras. Determinamos suas massas e velocidades e, a partir delas, a energia de cada um desses sistemas minúsculos e, somando-os todos, temos uma ideia da energia térmica total contida na bola, que está apenas aparentemente em repouso. Nessa estimativa puramente teórica, essa energia pode então ser calculada multiplicando metade da massa total – isto é, metade da soma de todas as pequenas massas – pelo quadrado de uma velocidade que é determinada a partir da velocidade das partículas separadas. Da mesma forma, podemos conceber a energia humana sendo medida pela metade da massa humana multiplicada pelo quadrado da velocidade que ainda não somos capazes de computar. Mas nossa deficiência nesse conhecimento não corromperá a verdade das deduções que farei, que se respaldam nas bases firmes que governam as mesmas leis de massa e força por toda a natureza.[1]

---

1 As ideias aqui expressas não passariam pelos requisitos de rigor da ciência contemporânea. Elas devem, portanto, ser entendidas apenas como analogias. (N.T.)

O homem, no entanto, não é uma massa comum, consistindo de átomos e moléculas girando e contendo meramente calor-energia. Ele é uma massa possuidora de certas qualidades superiores por causa do princípio criativo da vida com o qual ele é dotado. Sua massa, assim como a água em uma onda do mar, está sendo continuamente trocada, com o novo tomando o lugar do velho. Não apenas isso, mas ele cresce, se propaga e morre, alterando assim sua massa independentemente, tanto em tamanho quanto em densidade. O mais maravilhoso de tudo é que ele é capaz de aumentar ou diminuir sua velocidade de movimento pelo poder misterioso que possui, apropriando-se de mais ou menos energia de outra substância e transformando-a em energia motora. Mas, em qualquer momento, podemos ignorar essas mudanças lentas e assumir que a energia humana é medida pela metade do produto da massa do homem pelo quadrado de certa velocidade hipotética. Seja como for que viermos a calcular essa velocidade, e seja o que for que viermos a tomar como padrão de medida, devemos, em harmonia com essa concepção, chegar à conclusão de que o grande problema da ciência é, e sempre será, aumentar a energia assim definida. Muitos anos atrás, estimulado pela leitura daquela obra profundamente interessante, a *História do desenvolvimento intelectual da Europa*, de Draper, descrevendo tão vividamente o movimento humano, reconheci que resolver esse eterno problema deve ser sempre a principal tarefa do homem da ciência. Tentarei descrever brevemente aqui alguns resultados de meus próprios esforços para esse fim.

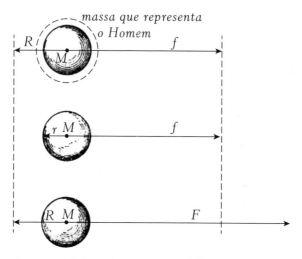

Diagrama *a*: Três formas de aumentar a energia humana.

No Diagrama *a*, M representa a massa do homem. Essa massa é impelida em uma direção por uma força *f*, que encontra a resistência de outra força parcialmente de atrito e parcialmente negativa R, agindo em uma direção exatamente oposta e retardando o movimento da massa. Tal força antagônica está presente em todos os movimentos e deve ser levada em consideração. A diferença entre essas duas forças é a força efetiva que confere uma velocidade V à massa M na direção da seta na linha que representa a força *f*. De acordo com o que vimos, a energia humana será então dada pelo produto $1/2 \, MV^2 = 1/2$

MV × V, em que M é a massa total do homem na interpretação comum do termo "massa", e V é uma certa velocidade hipotética, que, no estado atual da ciência, somos incapazes de definir e determinar exatamente. Aumentar a energia humana é, portanto, equivalente a aumentar esse produto, e existem, como facilmente se verá, apenas três maneiras possíveis de atingir esse resultado, que estão ilustradas no Diagrama a. A primeira maneira mostrada na figura superior é aumentar a massa (conforme indicado pelo círculo pontilhado), deixando as duas forças opostas iguais. A segunda maneira é reduzir a força de retardo R para um valor menor r, deixando a massa e a força motriz iguais, conforme esquematicamente mostrado na figura do meio. A terceira maneira, ilustrada na última figura, é aumentar a força motriz f para um valor mais alto F, enquanto a massa e a força retardadora R permanecem inalteradas. Evidentemente, existem limites fixos quanto ao aumento de massa e redução da força retardadora, mas a força motriz pode ser aumentada indefinidamente. Cada uma dessas três soluções possíveis apresenta um aspecto diferente do problema principal do aumento da energia humana, que se divide assim em três problemas distintos, a serem considerados sucessivamente.

Capítulo II
O primeiro problema: como aumentar a massa humana – A queima do nitrogênio atmosférico

Visto de modo geral, há obviamente duas maneiras de aumentar a massa da humanidade: a primeira, auxiliando e mantendo as forças e condições que tendem a aumentá-la; e a segunda, opondo-se a e reduzindo aquelas que tendem a diminuí-la. A massa será aumentada pela cuidadosa atenção à saúde, pela alimentação substancial, pela moderação, pela regularidade dos hábitos, pela promoção do casamento, pela atenção conscienciosa aos filhos e, em geral, pelo cumprimento de todos os muitos preceitos e leis de religião e higiene. Mas, ao adicionar nova massa à velha, três casos novamente se apresentam. Ou a massa adicionada é da mesma velocidade que a antiga, ou é de menor ou maior velocidade. Para se ter uma ideia da importância relativa desses casos, imagine um trem composto de, digamos, cem locomotivas se movendo em um trilho, e suponha que, para aumentar a energia da massa em movimento, mais quatro locomotivas sejam adicionadas ao trem. Se essas quatro se moverem na mesma velocidade do trem, a energia total será aumentada em 4%; se estiverem se movendo a apenas metade dessa velocidade, o aumento será de apenas 1%; se estiverem se movendo com o dobro dessa velocidade, o aumento de energia será de 16%. Essa simples ilustração mostra que é de grande importância adicionar massa de uma velocidade mais alta. Dito de forma mais direta, se, por exemplo, os filhos tiverem o mesmo grau de esclarecimento que os pais – isto é, massa da "mesma velocidade" –, a energia simplesmente aumentará proporcionalmente ao número adicionado. Se forem menos inteligentes ou avançados, ou massa de "menor velocidade", haverá um ganho muito pequeno na energia; mas, se eles forem mais avançados, ou massa de "velocidade mais alta", então a nova geração aumentará consideravelmente a soma total da energia humana. Qualquer adição de massa de "velocidade menor", além daquela quantidade indispensável exigida pela lei expressa no provérbio "Mens sana in corpore sano" [Mente saudável em corpo saudável], deve ser vigorosamente combatida. Por exemplo, o mero desenvolvimento muscular, como procurado em algumas de nossas faculdades, considero equivalente a adicionar massa de "velocidade menor", e não o recomendaria, embora minhas opiniões fossem diferentes quando eu era estudante. O exercício moderado, garantindo o equilíbrio correto entre mente e corpo e a mais alta eficiência de desempenho, é, obviamente, um requisito central. O exemplo citado mostra que o resultado mais importante a ser alcançado é a educação, ou o aumento da "velocidade", da massa recém-adicionada.

Em contrapartida, mal é preciso dizer que tudo o que é contrário aos ensinamentos da religião e às leis de higiene tende a diminuir a massa. Uísque, vinho, chá, café, tabaco e outros estimulantes semelhantes são responsáveis pela abreviação da vida de muitos e devem ser usados com moderação. Mas não creio que medidas rigorosas de supressão de hábitos seguidas por muitas gerações sejam louváveis. É mais sábio pregar moderação do que abstinência. Acostumamo-nos a esses estimulantes e, se tais reformas devem ser efetuadas, elas devem ser lentas e graduais. Aqueles que dedicam suas energias a tais fins poderiam se tornar muito mais úteis ao direcionar seus esforços em outras direções; por exemplo, no fornecimento de água pura.

Para cada pessoa que perece devido aos efeitos de um estimulante, pelo menos mil morrem por conta das consequências de beber água impura. Esse fluido precioso, que diariamente infunde nova vida em nós, é também o principal veículo através do qual a doença e a morte entram em nossos corpos. Os germes da destruição que ela transmite são inimigos ainda mais terríveis porque realizam seu trabalho fatal despercebidos. Eles selam nossa condenação enquanto vivemos e nos divertimos. A maioria das pessoas é tão ignorante ou descuidada ao beber água e as consequências disso são tão desastrosas que um filantropo dificilmente pode usar melhor seus esforços do que tentar esclarecer aqueles que estão prejudicando a si mesmos. Pela purificação sistemática e esterilização da água potável, a massa humana aumentaria consideravelmente. Ferver ou esterilizar de outra forma a água potável em todos os lares e locais públicos deveria ser uma regra rígida – que pode ser aplicada por lei. A mera filtragem não oferece segurança suficiente contra infecções. Todo gelo para uso interno deve ser preparado artificialmente com água esterilizada. A importância de eliminar os germes de doenças da água da cidade é geralmente reconhecida, mas pouco está sendo feito para melhorar as condições existentes, pois nenhum método satisfatório de esterilizar grandes quantidades de água ainda foi apresentado. Por meio de aparelhos elétricos aprimorados, agora podemos produzir ozônio de forma barata e em grandes quantidades, e esse desinfetante ideal parece oferecer uma solução feliz para a importante questão.

Jogos de azar, a correria dos negócios e a empolgação, principalmente nas bolsas, são causas de muita redução de massa, ainda mais porque os indivíduos envolvidos representam unidades de maior valor.

A incapacidade de observar os primeiros sintomas de uma doença e o descuido com eles são importantes fatores de mortalidade. Ao observar cuidadosamente cada novo sinal de perigo que se aproxima e ao fazer conscientemente todos os esforços possíveis para evitá-lo, não apenas estamos seguindo sábias leis de higiene no interesse de nosso bem-estar e sucesso de nossos trabalhos, mas também cumprindo um dever moral superior. Cada um deve considerar seu corpo como um presente inestimável de quem ama acima de tudo, como uma obra de arte maravilhosa, de beleza indescritível e maestria além da concepção humana, e tão delicado e frágil que uma palavra, um sopro, um olhar, ou mesmo um pensamento, pode prejudicá-lo. A sujeira, que gera doença e morte, não é apenas um hábito autodestrutivo, mas altamente imoral. Ao manter nosso corpo livre de infecção, saudável e puro, estamos expressando nossa reverência pelo elevado princípio de que ele é dotado. Aquele que segue os preceitos de higiene nesse espírito está se mostrando, por enquanto, verdadeiramente religioso. A frouxidão moral é um mal terrível, que envenena tanto a mente quanto o corpo, e é responsável por uma grande redução da massa humana em alguns países. Muitos dos costumes e tendências atuais produzem resultados prejudiciais semelhantes. Por exemplo, a vida em sociedade, a educação moderna e as ocupações das mulheres, tendendo a afastá-las de seus deveres domésticos e transformá-las em homens, devem necessariamente diminuir o ideal elevado que representam, diminuir o poder criativo artístico e causar esterilidade e um enfraquecimento geral da raça. Mil outros males podem ser mencionados, mas todos juntos, em sua relação com o problema em discussão, não poderiam igualar um único, a falta de comida provocada pela pobreza, miséria e fome. Milhões de indivíduos morrem anualmente por falta de comida, mantendo assim a massa baixa. Mesmo em nossas comunidades esclarecidas, e não obstante os muitos esforços de caridade, este ainda é, com toda a probabilidade, o maior mal. Não quero dizer aqui falta absoluta de comida, mas falta de nutrição saudável.

Como fornecer comida boa e abundante é, portanto, a questão mais importante do dia. Nos princípios gerais, a criação de gado como meio de fornecer alimentos é condenável, porque, no sentido apresentado antes, deve indubitavelmente tender para a adição de massa de uma "velocidade menor". Certamente é preferível cultivar vegetais, e penso, portanto, que o vegetarianismo é um afastamento louvável do hábito bárbaro estabelecido. O fato de podermos subsistir com alimentos vegetais e realizar nosso trabalho com vantagem não é uma teoria, mas um fato bem demonstrado. Muitas raças que vivem quase exclusivamente de vegetais são de físico e força superiores. Não há dúvida de que alguns alimentos vegetais, como a aveia, são mais econômicos do que a carne e superiores a ela em relação ao desempenho mecânico e mental. Tal alimento, além disso, sobrecarrega nossos órgãos digestivos decididamente menos e, ao nos tornar mais contentes e sociáveis, produz uma quantidade de bem que é difícil estimar. Em vista desses fatos, todo esforço deve ser feito para impedir o abate arbitrário e cruel de animais, que deve ser destrutivo para nossa moral. Para nos libertarmos dos instintos e apetites animais, que nos retêm, devemos começar pela própria raiz de onde brotamos: devemos efetuar uma reforma radical no caráter da comida.

Parece não haver uma necessidade *filosófica* de comida. Podemos conceber seres organizados vivendo sem nutrição e obtendo toda a energia de que necessitam para o desempenho de suas funções vitais do meio ambiente. Em um cristal, temos clara evidência da existência de um princípio vital formador e, embora não possamos entender a vida de um cristal, não deixa de ser um ser vivo. Pode haver, além dos cristais, outros sistemas de seres materiais individualizados, talvez de constituição gasosa, ou composta de substância ainda mais rarefeita. Em vista dessa possibilidade, ou melhor, probabilidade, não podemos necessariamente negar a existência de seres organizados em um planeta simplesmente porque as condições dele são inadequadas para a existência da vida como a concebemos. Não podemos sequer, com certeza absoluta, afirmar que alguns deles não podem estar presentes aqui, neste nosso mundo, bem no meio de nós, pois sua constituição e manifestação de vida podem ser tais que somos incapazes de percebê-los.

A produção de alimentos artificiais como meio de causar um aumento da massa humana naturalmente se apresenta, mas uma tentativa direta desse tipo de fornecer nutrição não me parece racional, pelo menos não no presente momento. É bastante duvidoso se poderíamos prosperar com tais alimentos. Somos o resultado de eras de contínua adaptação, e não podemos mudar radicalmente sem consequências imprevistas e, com toda a probabilidade, desastrosas. Uma experiência tão incerta não deve ser tentada. De longe, a melhor maneira, parece-me, de enfrentar os estragos do mal seria encontrar maneiras de aumentar a produtividade do solo. Nesse sentido, a preservação das florestas é de uma importância que não pode ser superestimada e, neste contexto, também a utilização de energia hidráulica para fins de transmissão elétrica, dispensando de várias maneiras a necessidade de queimar madeira e cuidar assim para a preservação da floresta, deve ser fortemente defendida. Mas há limites na melhoria a ser efetuada dessa e de maneiras semelhantes.

Para aumentar materialmente a produtividade do solo, ele deve ser fertilizado de forma mais eficaz por meios artificiais. A questão da produção de alimentos se resolve, então, na questão de como melhor fertilizar o solo. O que fez o solo ainda é um mistério. Explicar sua origem provavelmente equivale a explicar a origem da própria vida. As rochas, desintegradas pela umidade, calor, vento e tempo, não eram em si mesmas capazes de manter a vida. Surgiu alguma condição inexplicável, e algum novo princípio entrou em vigor, e se formou a primeira camada capaz de sustentar organismos inferiores, como os musgos. Estes, por sua vida e morte, acrescentaram mais da qualidade de sustentação da vida ao solo, e organismos superiores puderam então subsistir, e assim por diante, até que finalmente plantas e animais altamente desenvolvidos pudessem florescer. Mas embora as teorias, mesmo agora, não estejam de acordo sobre como a fertilização é efetuada, é um fato, muito bem comprovado, que o solo não pode sustentar a vida indefinidamente, e algum meio deve ser encontrado para supri-lo com as substâncias que foram extraídas dele pelas plantas. A principal e mais valiosa dessas substâncias são os compostos de nitrogênio, e a produção barata deles é, portanto, a chave para a solução do importantíssimo problema da alimentação. Nossa atmosfera contém uma quantidade inesgotável de nitrogênio, e se pudéssemos oxidá-lo e produzir esses compostos, um benefício incalculável para a humanidade se seguiria.

Há muito tempo, essa ideia dominou fortemente a imaginação dos cientistas, mas não foi possível inventar um meio eficiente para alcançar esse resultado. O problema tornou-se extremamente difícil por conta de quão extraordinariamente inerte é o nitrogênio, que se recusa a se combinar mesmo com o oxigênio. Mas aqui a eletricidade vem em nosso auxílio: as afinidades adormecidas do elemento são despertadas por uma corrente elétrica de qualidade adequada. Assim como um pedaço de carvão que esteve em contato com o oxigênio por séculos sem queimar se combina com ele se sofrer ignição, o nitrogênio, excitado pela eletricidade, queimará. Não consegui, entretanto, produzir descargas elétricas excitando muito efetivamente o nitrogênio atmosférico até uma data relativamente recente, embora tenha mostrado, em maio de 1891, em uma palestra científica, uma nova forma de descarga ou chama elétrica chamada "fogo quente de São Elmo", que, além de ser capaz de gerar ozônio em abundância, também possuía, como apontei na ocasião, distintamente a qualidade de excitar afinidades químicas. Essa descarga ou chama tinha então apenas três ou quatro polegadas de comprimento, sua ação química também era muito fraca e, consequentemente, o processo de oxidação do nitrogênio gerava um desperdício. Como intensificar essa ação era a questão. Evidentemente, correntes elétricas de um tipo peculiar tiveram que ser produzidas para tornar o processo de combustão do nitrogênio mais eficiente.

O primeiro avanço foi feito ao verificar que a atividade química da descarga era consideravelmente aumentada pelo uso de correntes de frequência, ou taxa de vibração, extremamente alta. Esta foi uma melhoria importante, mas considerações práticas logo estabeleceram um limite definitivo para o progresso nessa direção. Em seguida, foram investigados os efeitos da pressão elétrica dos impulsos de corrente, de sua forma de onda e outras características. Em seguida, estudou-se a influência da pressão e temperatura atmosférica e da presença de água e outros corpos, e assim foram gradualmente verificadas as melhores condições para provocar a ação química mais intensa da descarga e garantir a maior eficiência do processo. Naturalmente, as melhorias não foram rápidas; ainda assim, pouco a pouco, fui avançando. A chama cresceu cada vez mais, e sua ação oxidante se tornou mais intensa. De uma insignificante descarga em formato de escova de algumas polegadas de comprimento, desenvolveu-se um maravilhoso fenômeno elétrico, uma labareda estrondosa, devorando o nitrogênio da atmosfera e medindo 60 ou 70 pés [18-21 metros] de largura. Assim, lentamente, quase imperceptivelmente, a possibilidade se tornou uma realização. Ainda não está tudo feito, de forma alguma, mas uma ideia de até que ponto meus esforços foram recompensados pode ser obtida de uma inspeção da Figura 1, que, com seu título, é autoexplicativa. A descarga visível em forma de chama é produzida pelas intensas oscilações elétricas que passam pela bobina mostrada e agitam violentamente as moléculas eletrificadas do ar. Dessa forma, uma forte afinidade é criada entre os dois constituintes normalmente indiferentes da atmosfera, e eles se combinam prontamente, mesmo que nenhuma provisão adicional seja feita para intensificar a ação química da descarga. Na fabricação de compostos de nitrogênio por esse método, é claro, todos os meios possíveis relacionados à intensidade dessa ação e à eficiência do processo serão aproveitados e, além disso, serão fornecidos arranjos especiais para a fixação dos compostos formados, por serem geralmente instáveis, tornando o nitrogênio novamente inerte após um pequeno lapso de tempo. O vapor é um meio simples e eficaz para fixar permanentemente os compostos. O resultado ilustrado torna praticável a oxidação do nitrogênio atmosférico em quantidades ilimitadas, meramente pelo uso de energia mecânica barata e aparelhos elétricos simples. Dessa forma, muitos compostos de nitrogênio podem ser fabricados em todo o mundo, a um custo baixo e em qualquer quantidade desejada, e por meio desses compostos o solo pode ser fertilizado e sua produtividade aumentada indefinidamente. Uma abundância de comida barata e saudável, não artificial, mas como estamos acostumados, pode assim ser obtida. Essa nova e inesgotável fonte de suprimento alimentar será de benefício incalculável para a humanidade, pois contribuirá enormemente para o aumento da massa humana e, assim, aumentará imensamente a energia humana. Em breve, espero, o mundo verá o início de uma indústria que, no futuro, será, creio eu, tão importante quanto a do ferro.

Capítulo III
O segundo problema: como reduzir a força retardando a massa humana – A arte da teleautomação

Como já foi dito, a força que retarda o movimento do homem é parcialmente friccional e parcialmente negativa. Para ilustrar essa distinção, posso citar, por exemplo, ignorância, estupidez e imbecilidade como algumas das forças puramente friccionais, ou resistências desprovidas de qualquer tendência diretiva. Por outro lado, visionarismo, insanidade, tendência autodestrutiva, fanatismo religioso e coisas semelhantes, tudo são forças de caráter negativo, agindo em direções definidas. Para reduzir ou superar totalmente essas forças de retardo diferentes, métodos radicalmente diferentes devem ser empregados. Sabe-se, por exemplo, o que um fanático pode fazer, e podem-se tomar medidas preventivas, esclarecê-lo, convencê-lo e, possivelmente, dirigi-lo, transformar seu vício em virtude; mas não se sabe, e nunca se pode saber, o que um bruto ou um imbecil pode fazer, e se deve tratá-lo como se fosse uma massa, inerte, sem mente, à deriva por seus elementos loucos. Uma força negativa sempre implica alguma qualidade, não raramente alta, embora mal direcionada, que é possível usar com bom proveito; mas uma força de fricção sem direção envolve perdas inevitáveis. Evidentemente, então, a primeira e geral resposta à pergunta acima é: ponha toda a força negativa na direção certa e reduza toda a força de atrito.

Não pode haver dúvida de que, de todas as resistências de atrito, a que mais retarda o movimento humano é a ignorância. Não sem razão disse aquele homem de sabedoria, Buda: "A ignorância é o maior mal do mundo". O atrito que resulta da ignorância, e que é grandemente aumentado devido às numerosas línguas e nacionalidades, só pode ser reduzido pela difusão do conhecimento e pela unificação dos elementos heterogêneos da humanidade. Nenhum esforço poderia ser mais bem usado. Mas, por mais que a ignorância tenha retardado o avanço do homem em tempos passados, é certo que, hoje em dia, as forças negativas se tornaram de maior importância. Entre estas, há uma de muito maior importância do que qualquer outra. É a chamada guerra organizada. Quando consideramos os milhões de indivíduos, muitas vezes os mais capazes em mente e corpo, a flor da humanidade, que são compelidos a uma vida de inatividade e improdutividade, as imensas somas de dinheiro necessárias diariamente para a manutenção de exércitos e aparelhos de guerra, representando tanto da energia humana, todo o esforço inutilmente usado na produção de armas e artefatos de destruição, a perda de vidas e o fomento de um espírito bárbaro, ficamos chocados com a perda inestimável para a humanidade que a existência dessas condições deploráveis deve envolver. O que podemos fazer para combater melhor esse grande mal?

Lei e ordem certamente requerem a manutenção da força organizada. Nenhuma comunidade pode existir e prosperar sem disciplina rígida. Cada país deve ser capaz de se defender, caso a necessidade apareça. As condições de hoje não são o resultado de ontem, e uma mudança radical não pode ser efetuada amanhã. Se as nações se desarmassem imediatamente, é mais do que provável que se seguiria um estado de coisas pior do que a própria guerra. A paz universal é um sonho bonito, mas não imediatamente realizável. Vimos recentemente que mesmo o nobre esforço do homem investido do maior poder do mundo foi praticamente sem efeito. E não é de admirar, pois o estabelecimento da paz universal é, por enquanto, uma impossibilidade física. A guerra é uma força negativa e não pode ser transformada em uma direção positiva sem passar pelas fases intermediárias. É um problema de fazer uma roda girando para um lado girar na direção oposta sem desacelerá-la, pará-la e acelerá-la novamente na outra direção.

Já se argumentou que a perfeição de armas de grande poder destrutivo pararia as guerras. Eu mesmo pensei assim por muito tempo, mas agora acredito que isso seja um erro profundo. Tais desenvolvimentos modificarão muito, mas não deterão as guerras. Pelo contrário, penso que cada novo braço que é inventado, cada novo movimento que é feito nessa direção, apenas convida a novos talentos e habilidades, envolve novos esforços, oferece novos incentivos e, assim, apenas dá novo ímpeto para mais desenvolvimento. Pense na descoberta da pólvora. Podemos conceber um afastamento mais radical do que o causado por essa inovação? Imaginemo-nos vivendo naquele período: não teríamos pensado então que guerras estavam no fim, quando a armadura do cavaleiro tornou-se objeto de ridículo, quando a força corporal e a habilidade, antes tão importantes, tornaram-se comparativamente de pouco valor? No entanto, a pólvora não impediu a guerra: muito pelo contrário – ela atuou como um incentivo muito poderoso. Tampouco acredito que guerras possam ser impedidas por qualquer desenvolvimento científico ou ideal, enquanto existirem condições semelhantes às que prevalecem agora, porque a guerra por si própria se tornou uma ciência, e porque a guerra envolve alguns dos sentimentos mais sagrados dos quais o homem é capaz. Na verdade, é duvidoso que homens que não estejam prontos para lutar por um princípio elevado sejam bons para alguma coisa. Não é a mente que faz o homem, nem é o corpo; são mente e corpo. Nossas virtudes e nossas falhas são inseparáveis, como força e matéria. Quando eles se separam, o homem se desmancha.

Outro argumento, que carrega força considerável, é frequentemente levantado, a saber, que a guerra logo se tornará impossível porque os meios de defesa estão superando os meios de ataque. Isso está apenas de acordo com uma lei fundamental que pode ser expressa pela afirmação de que é mais fácil destruir do que construir. Essa lei define as capacidades e condições humanas. Se fossem tais que seria mais fácil construir do que destruir, o homem continuaria sem resistência, criando e acumulando sem limites. Tais condições não são desta Terra. Um ser que pudesse fazer isso não seria um homem: poderia ser um deus. A defesa sempre terá vantagem sobre o ataque, mas isso por si só, parece-me, nunca pode parar a guerra. Pelo uso de novos princípios de defesa, podemos tornar os portos inexpugnáveis contra ataques, mas não podemos, por tais meios, impedir que dois navios de guerra se encontrem em batalha em alto-mar. E então, se seguirmos essa ideia até o seu desenvolvimento final, somos levados à conclusão de que seria melhor para a humanidade se o ataque e a defesa estivessem relacionados de forma oposta; pois se cada país, mesmo o menor, pudesse se cercar de um muro absolutamente impenetrável e pudesse desafiar o resto do mundo, certamente se produziria um estado de coisas extremamente desfavorável ao progresso humano. É pela abolição de todas as barreiras que separam nações e países que a civilização é mais bem desenvolvida.

Novamente, alguns afirmam que o advento da máquina voadora deve trazer a paz universal. Também acredito ser essa uma visão totalmente errônea. A máquina voadora certamente está chegando, e muito em breve, mas as condições permanecerão as mesmas de antes. Na verdade, não vejo razão para que uma potência governante, como a Grã-Bretanha, não governe o ar tão bem quanto o mar. Sem querer me colocar como profeta, não hesito em dizer que os próximos anos assistirão ao estabelecimento de um "poder aéreo" e seu centro pode não estar longe de Nova York. Mas, por tudo isso, os homens lutarão alegremente.

O desenvolvimento ideal do princípio da guerra acabaria por levar à transformação de toda a energia da guerra em energia explosiva puramente potencial, como a de um capacitor elétrico. Nessa forma, a energia de guerra poderia ser mantida sem esforço; precisaria ser muito menor em quantidade, embora incomparavelmente mais eficaz.

No que diz respeito à segurança de um país contra invasões estrangeiras, é interessante notar que ela depende apenas do número relativo, e não absoluto, de indivíduos ou magnitude das forças, e que, se cada país reduzir a força militar na mesma proporção, a segurança permaneceria inalterada. Um acordo internacional com o objetivo de reduzir a um mínimo a força de guerra que, em vista da atual educação ainda imperfeita das massas, é absolutamente indispensável, pareceria, portanto, ser o primeiro passo racional a ser dado para diminuir a força que retarda o movimento humano.

Felizmente, as condições existentes não podem continuar indefinidamente, pois um novo elemento está começando a se afirmar. Uma mudança para melhor é eminente, e vou agora me esforçar para mostrar o que, de acordo com minhas ideias, será o primeiro avanço em direção ao estabelecimento de relações pacíficas entre as nações, e por quais meios isso será um dia alcançado.

Voltemos ao início, quando a lei do mais forte era a única. A luz da razão ainda não havia acendido, e os fracos estavam inteiramente à mercê dos fortes. O indivíduo fraco começou então a aprender a se defender. Ele fez uso de uma clava, pedra, lança, estilingue ou arco e flecha e, com o passar do tempo, em vez da força física, a inteligência tornou-se o principal fator decisivo na batalha. O caráter selvagem foi gradualmente suavizado pelo despertar de sentimentos nobres e, assim, imperceptivelmente, após eras de progresso contínuo, saímos da luta brutal do animal irracional para o que chamamos de "guerra civilizada" de hoje, em que os combatentes apertam as mãos, conversam de maneira amigável e fumam charutos nos entreatos, prontos para se engajar novamente em um conflito mortal a um sinal. Deixe os pessimistas dizerem o que quiserem, aqui está uma evidência absoluta de avanço grande e gratificante.

Mas agora, qual é a próxima fase dessa evolução? Ainda não a paz, de forma alguma. A próxima mudança que deve seguir naturalmente dos desenvolvimentos modernos deve ser a diminuição contínua do número de indivíduos engajados na batalha. Os aparatos serão de grande poder específico, mas apenas alguns indivíduos serão necessários para operá-los. Essa evolução trará cada vez mais destaque a uma máquina ou mecanismo com o menor número de indivíduos como um elemento de guerra, e a consequência absolutamente inevitável disso será o abandono de unidades grandes, desajeitadas, de movimento lento e incontroláveis. A maior velocidade possível e a taxa máxima de entrega de energia pelo aparato de guerra serão o objetivo principal. A perda de vidas se tornará cada vez menor, e, finalmente, o número de indivíduos diminuindo continuamente, apenas máquinas se enfrentarão em uma competição sem derramamento de sangue, as nações sendo simplesmente espectadoras interessadas e ambiciosas. Quando essa feliz condição for realizada, a paz estará assegurada. Mas, não importa em que grau de perfeição armas de fogo rápido, canhões de alta potência, projéteis explosivos, torpedeiros ou outros implementos de guerra possam ser trazidos, não importa o quão destrutivos possam ser feitos, essa condição nunca pode ser alcançada através de tal desenvolvimento. Todos esses implementos requerem homens para sua operação; os homens são peças indispensáveis da maquinaria. Seu objetivo é matar e destruir. Seu poder reside em sua capacidade de fazer o mal. Enquanto os homens se encontrarem em batalha, haverá derramamento de sangue. O derramamento de sangue sempre manterá a paixão bárbara. Para quebrar esse espírito feroz, uma mudança radical deve ser feita, um princípio inteiramente novo deve ser introduzido, algo que nunca existiu antes na guerra – um princípio que forçosa e inevitavelmente transformará a batalha em um mero espetáculo, uma peça de teatro, uma competição sem perda de sangue. Para trazer esse resultado, os homens devem ser dispensados: máquina deve lutar contra máquina. Mas como realizar o que parece impossível? A resposta é bastante simples: produzir uma máquina capaz de agir como se fosse parte de um ser humano – não um mero dispositivo mecânico, incluindo alavancas, parafusos, rodas, embreagens e nada mais, mas uma máquina que incorpora um princípio superior, que a capacitará a cumprir seus deveres como se tivesse inteligência, experiência, discernimento, uma mente! Essa conclusão é o resultado de meus pensamentos e observações que se estenderam por praticamente toda a minha vida, e agora descreverei brevemente como cheguei a realizar o que a princípio parecia um sonho irrealizável.

Muito tempo atrás, quando eu era menino, sofri de um problema singular, que parece ter sido devido a uma extraordinária excitabilidade da retina. Foi o aparecimento de imagens que, por sua persistência, prejudicou a visão de objetos reais e interferiu no pensamento. Quando uma palavra me era dita, a imagem do objeto que ela designava aparecia vividamente diante de meus olhos, e muitas vezes era impossível para mim dizer se o objeto que eu via era real ou não. Isso me causou grande desconforto e ansiedade, e tentei muito me livrar do feitiço. Mas por muito tempo tentei em vão, e não foi, como me lembro claramente, antes dos doze anos de idade que consegui pela primeira vez, por um esforço de vontade, banir uma imagem que se apresentava. Minha felicidade nunca será tão completa como era então, mas, infelizmente (como pensei na época), o antigo problema voltou e com ele minha ansiedade. Foi aqui que começaram as observações a que me refiro. A saber, reparei que sempre que a imagem de um objeto aparecia diante de meus olhos, eu tinha visto algo que me lembrava dele. Nos primeiros casos, pensei que fosse puramente acidental, mas logo me convenci de que não era bem assim. Uma impressão visual, recebida consciente ou inconscientemente, sempre precedia o aparecimento da imagem. Aos poucos foi surgindo em mim o desejo de descobrir, a cada vez, o que fazia que as imagens aparecessem, e a satisfação desse desejo logo se tornou uma necessidade. A observação seguinte que fiz foi que, assim como essas imagens surgiram como resultado de algo que eu vira, também os pensamentos que concebi foram sugeridos da mesma maneira. Novamente, experimentei o mesmo desejo de localizar a imagem que causou o pensamento, e essa busca pela impressão visual original logo se tornou uma segunda natureza. Minha mente se tornou automática, por assim dizer, e no curso de anos de atuação contínua, quase inconsciente, adquiri a capacidade de localizar todas as vezes e, via de regra, instantaneamente a impressão visual que iniciou o pensamento. Nem isso é tudo. Não demorou muito para que eu percebesse que também todos os meus movimentos eram motivados da mesma maneira, e assim, procurando, observando e verificando continuamente, ano após ano, eu demonstrei e continuo a demonstrar diariamente, por cada pensamento e por cada ato, para minha absoluta satisfação, que sou um autômato dotado de poder de movimento, que apenas responde a estímulos externos batendo em meus órgãos dos sentidos, e pensa, age e se move de acordo. Lembro-me de apenas um ou dois casos em toda a minha vida em que fui incapaz de localizar a primeira impressão que provocou um movimento ou um pensamento, ou mesmo um sonho.

Figura 2. A primeira teleautomação prática.

Uma máquina que tem todos os movimentos corporais ou de translação e as operações do mecanismo interior controladas a distância sem fios. O barco sem tripulação mostrado na fotografia contém sua própria força motriz, máquinas de propulsão e direção e vários outros acessórios, todos controlados pela transmissão a distância, sem fios, de oscilações elétricas a um circuito conduzido pelo barco e ajustado para responder apenas a essas oscilações.

Com essas experiências, foi natural que eu, há muito tempo, tivesse a ideia de construir um autômato que me representasse mecanicamente, e que respondesse, como eu mesmo faço, mas, claro, de forma muito mais primitiva, a influências. Tal autômato evidentemente teve que ter força motriz, órgãos de locomoção, órgãos diretivos e um ou mais órgãos sensitivos adaptados para serem excitados por estímulos externos. Essa máquina, raciocinei, executaria seus movimentos como um ser vivo, pois teria todas as principais características mecânicas ou elementos dele. Restava ainda a capacidade de crescimento, de propagação e, sobretudo, a mente que eu gostaria que tivesse para tornar o modelo completo. Mas o crescimento não foi necessário nesse caso, já que uma máquina pôde ser fabricada totalmente adulta, por assim dizer. Quanto à capacidade de propagação, também pôde ser deixada de lado, pois no modelo mecânico significou apenas um processo de fabricação. Fosse a automação de carne e osso, ou de madeira e aço, pouco importava, desde que ela pudesse desempenhar todas as funções dela exigidas como um ser inteligente. Para tanto, deveria ter um elemento correspondente à mente, que efetuasse o controle de todos os seus movimentos e operações, e a fizesse agir, em qualquer caso imprevisto que se apresentasse, com conhecimento, razão, julgamento e experiência. Mas pude facilmente incorporar esse elemento nele, transmitindo-lhe minha própria inteligência, meu próprio entendimento. Assim, essa invenção evoluiu e uma nova arte surgiu, para a qual foi sugerido o nome "teleautomação", que significa a arte de controlar os movimentos e operações de autômatos distantes. Esse princípio era evidentemente aplicável a qualquer tipo de máquina que se move na terra, na água ou no ar. Ao aplicá-lo praticamente pela primeira vez, selecionei um barco (ver Figura 2). Uma bateria de armazenamento que foi colocada dentro dele fornecia a força motriz. A hélice, acionada por um motor, representava os órgãos locomotores. O leme, comandado por outro motor também acionado pela bateria, ocupou o papel dos órgãos diretivos. Quanto ao órgão sensitivo, obviamente o primeiro pensamento foi utilizar um dispositivo sensível aos raios de luz, como uma célula de selênio, para representar o olho humano. Mas, após uma investigação mais detalhada, descobri que, devido a dificuldades experimentais e outras, nenhum controle totalmente satisfatório do autômato poderia ser efetuado pela luz, calor radiante, radiações hertzianas ou por raios em geral, isto é, perturbações que passam em linha reta através do espaço. Uma das razões era que qualquer obstáculo entre o operador e o autômato distante o colocaria fora de seu controle. Outra razão era que o dispositivo sensível que representava o olho deveria estar em uma posição definida em relação ao aparato controlador distante, e essa necessidade imporia grandes limitações no controle. Ainda outra razão muito importante era que, ao usar raios, seria difícil, se não impossível, dar ao autômato traços ou características individuais que o distinguissem de outras máquinas desse tipo. Evidentemente, o autômato deve responder apenas a uma chamada individual, como uma pessoa responde a um nome. Tais considerações me levaram a concluir que o dispositivo sensível da máquina deveria corresponder ao ouvido e não ao olho de um ser humano, pois, nesse caso, suas ações poderiam ser controladas independentemente de obstáculos intervenientes, independentemente de sua posição em relação ao aparato de controle distante e, por último, mas não menos importante, permaneceria surdo e indiferente, como um servo fiel, a todos os chamados, menos ao de seu mestre. Esses requisitos tornaram imperativo o uso, no controle do autômato, em vez de luz ou outros raios, ondas ou perturbações que se propagam em todas as direções através do espaço, como o som, ou que seguem um caminho de menor resistência, por mais curvo que seja. Alcancei o resultado pretendido por meio de um circuito elétrico colocado dentro do barco e ajustado, ou "sintonizado", exatamente às vibrações elétricas do tipo apropriado transmitidas a ele por um "oscilador elétrico" distante. Esse circuito, ao responder, embora fracamente, às vibrações transmitidas, afetava ímãs e outros dispositivos, por meio dos quais eram controlados os movimentos da hélice e do leme, e também as operações de vários outros aparelhos.

Pelos meios simples descritos, o conhecimento, a experiência, o julgamento – a mente, por assim dizer – do operador distante foram incorporados naquela máquina, que foi assim habilitada a se mover e realizar todas as suas operações com razão e inteligência. Comportou-se exatamente como uma pessoa vendada obedecendo a instruções recebidas pelo ouvido.

Os autômatos até então construídos tinham "mentes emprestadas", por assim dizer, já que cada um fazia apenas parte do operador distante que lhe transmitia suas ordens inteligentes; mas essa arte está apenas no começo. Pretendo mostrar que, por mais impossível que pareça agora, um autômato pode ser criado para ter "sua própria mente", e com isso quero dizer que será capaz, independente de qualquer operador, deixado inteiramente a si mesmo, para executar, em resposta às influências externas que afetam seus órgãos sensíveis, uma grande variedade de atos e operações como se tivesse inteligência. Ele será capaz de seguir um curso traçado ou obedecer a ordens dadas com bastante antecedência; será capaz de distinguir entre o que deve e o que não deve fazer, e de fazer experiências ou, dito de outra forma, de registrar impressões que definitivamente afetarão suas ações subsequentes. Na verdade, já concebi esse plano.

Embora eu tenha desenvolvido essa invenção há muitos anos e a tenha muito frequentemente explicado aos meus visitantes em minhas demonstrações de laboratório, só muito mais tarde, muito depois de tê-la aperfeiçoado, é que ela se tornou conhecida, quando, naturalmente, deu origem a muita discussão e reportagens sensacionalistas. Mas o verdadeiro significado dessa nova arte não foi compreendido pela maioria, nem a grande força do princípio subjacente foi reconhecida. Pelo que pude julgar segundo os numerosos comentários que apareceram, os resultados que obtive foram considerados inteiramente impossíveis. Mesmo os poucos que estavam dispostos a admitir a praticabilidade da invenção viam nela apenas um torpedo automóvel, que deveria ser usado para explodir navios de guerra, com sucesso duvidoso. A impressão geral era que eu contemplava simplesmente a condução de tal embarcação por meio de ondas hertzianas ou de outros raios. Existem torpedos dirigidos eletricamente por fios e meios de comunicação sem fios, e o que foi dito supra, obviamente, tratou-se de uma inferência óbvia. Se eu não tivesse conseguido nada além disso, teria feito, efetivamente, um avanço pequeno. Mas a arte que desenvolvi não contempla apenas a mudança de direção de um navio em movimento; oferece meios de controlá-lo absolutamente, em todos os aspectos, todos os inúmeros movimentos de translação, bem como as operações de todos os órgãos internos, não importa quantos, de um autômato individualizado. Críticas de que o controle do autômato poderia ser interferido foram feitas por pessoas que nem sonham com os resultados maravilhosos que podem ser alcançados pelo uso de vibrações elétricas. O mundo se move lentamente e novas verdades são difíceis de ver. Certamente, pelo uso desse princípio, uma arma pode ser fornecida tanto para ataque quanto para defesa, de uma destrutividade tanto maior quanto o princípio é aplicável a submarinos e aeronaves. Não há praticamente nenhuma restrição quanto à quantidade de explosivo que pode carregar, ou quanto à distância em que pode atingir o alvo, e a falha é quase impossível. Mas a força desse novo princípio não reside inteiramente em sua destrutividade. Seu advento introduz na guerra um elemento que nunca existiu antes – uma máquina de combate sem homens como um meio de ataque e defesa. O desenvolvimento contínuo nessa direção deve, em última análise, tornar a guerra uma mera disputa de máquinas sem homens e sem perda de vidas – uma condição que teria sido impossível sem esse novo ponto de partida e que, em minha opinião, deve ser alcançada como preliminar para a paz permanente. O futuro confirmará ou refutará essas opiniões. Minhas ideias sobre esse assunto foram apresentadas com profunda convicção, mas com espírito humilde.

O estabelecimento de relações pacíficas permanentes entre as nações reduziria de forma mais eficaz a força que retarda a massa humana e seria a melhor solução para esse grande problema humano. Mas o sonho da paz universal será um dia realizado? Esperemos que sim. Quando todas as trevas forem dissipadas pela luz da ciência, quando todas as nações forem fundidas em uma, e o patriotismo for idêntico à religião, quando houver uma língua, um país, um fim, então o sonho terá se tornado realidade.

Capítulo IV
O terceiro problema: como aumentar a força que acelera a massa humana – O aproveitamento da energia do Sol

Das três soluções possíveis para o problema principal do aumento da energia humana, esta é de longe a mais importante a considerar, não apenas por causa de seu significado intrínseco, mas também por sua relação íntima com todos os muitos elementos e condições que determinam o movimento da humanidade. Para proceder sistematicamente, seria necessário que eu me detivesse em todas aquelas considerações que me guiaram desde o início em meus esforços para chegar a uma solução e que me conduziram, passo a passo, aos resultados que descrevo a seguir. Como estudo preliminar do problema, uma investigação analítica, como a que fiz, das principais forças que determinam o movimento progressivo seria vantajosa, particularmente para transmitir uma ideia daquela hipotética "velocidade" que, conforme explicado no início, é uma medida da energia humana; mas lidar especificamente com isso aqui, como eu gostaria, me levaria muito além do escopo do presente assunto. Basta dizer que a resultante de todas essas forças está sempre na direção da razão, que, portanto, determina, a qualquer momento, a direção do movimento humano. Isso quer dizer que todo esforço cientificamente aplicado, racional, útil ou prático, deve ser na direção em que a massa está se movendo. O homem prático, racional, o observador, o homem de negócios, aquele que raciocina, que calcula ou que determina de antemão, aplica cuidadosamente seu esforço para que, ao entrar em vigor, seja na direção do movimento, tornando-o assim mais eficiente, e nesse conhecimento e habilidade reside o segredo de seu sucesso. Cada novo fato descoberto, cada nova experiência ou novo elemento adicionado ao nosso conhecimento e que entra no domínio da razão afeta o movimento e, portanto, muda a sua direção, que, no entanto, deve sempre ocorrer ao longo da resultante de todos aqueles esforços que, naquele momento, designamos como razoáveis, ou seja, autopreservativos, úteis, lucrativos ou práticos. Esses esforços dizem respeito à nossa vida diária, às nossas necessidades e confortos, ao nosso trabalho e negócios, e são eles que impulsionam o homem para a frente.

Mas, ao olhar para todo esse mundo agitado ao nosso redor, para toda essa massa complexa que pulsa e se move diariamente, o que é ele senão um imenso mecanismo de relógio movido por uma mola? De manhã, quando nos levantamos, não podemos deixar de notar que todos os objetos ao nosso redor são fabricados por máquinas: a água que usamos é levantada pela força do vapor; os trens trazem nosso café da manhã de localidades distantes; os elevadores em nossa casa e em nosso prédio de escritórios, os carros que nos levam até lá, são todos movidos a energia; em todas as nossas incumbências diárias e em nossa própria busca da vida, dependemos disso; todos os objetos que vemos nos falam isso; e quando voltamos à noite para nossa habitação feita à máquina, para que não a esqueçamos, todos os confortos materiais de nossa casa, nosso fogão e lâmpada, nos lembram de quanto dependemos de energia. E quando há uma parada acidental do maquinário, quando a cidade está coberta de neve ou o movimento de sustentação da vida temporariamente interrompido de outra forma, ficamos apavorados ao perceber como seria impossível para nós viver a vida que vivemos sem energia motriz. Energia motriz significa trabalho. Aumentar a força acelerando o movimento humano significa, portanto, realizar mais trabalho.

Então descobrimos que as três soluções possíveis para o grande problema do aumento da energia humana são respondidas por três palavras: comida, paz, trabalho. Muitos anos pensei e ponderei, me perdi em especulações e teorias, considerando o homem como uma massa movida por uma força, vendo seu movimento inexplicável à luz de um movimento mecânico e aplicando os princípios simples da mecânica à análise dele até que cheguei a essas soluções, apenas para me dar conta de que elas me foram ensinadas no meu início de infância. Essas três palavras soam como as principais da religião cristã. Seus significados e propósitos científicos agora estão claros para mim: comida para aumentar a massa, paz para diminuir a força retardadora e trabalho para aumentar a força que acelera o movimento humano. Estas são as três únicas soluções possíveis para esse grande problema, e todas elas têm um objetivo, um fim, a saber, aumentar a energia humana. Quando reconhecemos isso, não podemos deixar de contemplar quão profundamente sábia e científica e quão imensamente prática é a religião cristã, e em que acentuado contraste ela se coloca nesse respeito com relação a outras religiões. Ela é inequivocamente o resultado de experimentos práticos e observações científicas que se estenderam através dos tempos, enquanto outras religiões parecem ser o resultado de um raciocínio meramente abstrato. O trabalho, esforço incansável, útil e acumulativo, com períodos de descanso e recuperação visando à maior eficiência, é seu comando principal e sempre recorrente. Assim, somos inspirados pelo cristianismo e pela ciência a fazer o máximo para aumentar o desempenho da humanidade. Este, o mais importante dos problemas humanos, considerarei agora especificamente.

Capítulo V
A fonte de energia humana
– As três formas de extrair energia do Sol

Perguntemos primeiro: De onde vem toda a energia motriz? Qual é a mola que impulsiona tudo? Vemos o oceano subir e descer, os rios correrem, o vento, a chuva, o granizo, e a neve baterem em nossas janelas, os trens e navios a vapor irem e virem; ouvimos o barulho das carruagens, as vozes da rua; sentimos emoções, aromas e sabores; e pensamos em tudo isso. E todo esse movimento, desde o surgimento do poderoso oceano até aquele movimento sutil envolvido em nosso pensamento, tem apenas uma causa comum. Toda essa energia emana de um único centro, uma única fonte – o Sol. O Sol é a primavera que impulsiona tudo. O Sol mantém toda a vida humana e fornece toda a energia humana. Outra resposta que encontramos agora para a grande questão acima: aumentar a força que acelera o movimento humano significa direcionar para os usos do homem mais da energia do Sol. Honramos e reverenciamos aqueles grandes homens de tempos passados cujos nomes estão ligados a realizações imortais, que provaram ser benfeitores da humanidade – o reformador religioso com suas sábias máximas de vida, o filósofo com suas profundas verdades, o matemático com suas fórmulas, o físico com suas leis, o descobridor com seus princípios e segredos arrancados da natureza, o artista com suas formas do belo; mas quem o honra, o maior de todos – quem pode dizer o nome dele –, quem primeiro se voltou para usar a energia do Sol para poupar o esforço de uma fraca criatura semelhante a ele? Esse foi o primeiro ato de filantropia científica do homem, e suas consequências foram incalculáveis.

Desde o início, três maneiras de extrair energia do Sol estavam abertas ao homem. O selvagem, quando aqueceu seus membros congelados em um fogo aceso de alguma forma, valeu-se da energia do Sol armazenada no material em chamas. Quando ele carregava uma rama de galhos para sua caverna e os queimava ali, ele fazia uso da energia solar armazenada transportada de uma localidade para outra. Quando instalou uma vela em sua canoa, utilizou a energia do Sol aplicada à atmosfera ou ao meio ambiente. Não pode haver dúvida de que o primeiro é o caminho mais antigo. Um fogo, encontrado acidentalmente, ensinou o selvagem a apreciar seu calor benéfico. Ele então provavelmente teve a ideia de carregar os membros brilhantes para sua residência. Finalmente aprendeu a usar a força de uma corrente rápida de água ou ar. É característico do desenvolvimento moderno que o progresso tenha ocorrido na mesma ordem. A utilização da energia armazenada na madeira ou no carvão, ou, de modo geral, no combustível, deu origem à máquina a vapor. Em seguida, um grande avanço foi dado no transporte de energia pelo uso da eletricidade, que permitiu a transferência de energia de uma localidade para outra sem transportar o material. Mas, quanto à utilização da energia do meio ambiente, nenhum avanço radical foi ainda divulgado.

Os resultados finais do desenvolvimento nessas três direções são: primeiro, a queima do carvão por um processo a frio em uma bateria; segundo, a utilização eficiente da energia do meio ambiente; e terceiro, a transmissão sem fios de energia elétrica a qualquer distância. Seja qual for a forma de chegar a esses resultados, sua aplicação prática envolverá necessariamente um uso extensivo de ferro, e esse inestimável metal será, sem dúvida, um elemento essencial no desenvolvimento posterior nessas três linhas. Se conseguirmos queimar carvão por um processo a frio e assim obter energia elétrica de maneira eficiente e barata, precisaremos, em muitos usos práticos dessa energia, de motores elétricos – isto é, ferro. Se formos bem-sucedidos em obter energia do meio ambiente, precisaremos, tanto na obtenção quanto na utilização da energia, de maquinário – novamente, ferro. Se realizarmos a transmissão de energia elétrica sem fios em escala industrial, seremos obrigados a usar extensivamente geradores elétricos – mais uma vez, de ferro. O que quer que façamos, o ferro provavelmente será o principal meio de realização no futuro próximo, possivelmente mais do que no passado. Quanto tempo durará seu reinado é difícil dizer, pois mesmo agora o alumínio está surgindo como um concorrente ameaçador. Mas, por enquanto, além de fornecer novos recursos de energia, é da maior importância fazer melhorias na fabricação e utilização do ferro. Grandes avanços são possíveis nessas últimas direções, os quais, se realizados, aumentariam enormemente o desempenho útil da humanidade.

Capítulo VI
Grandes possibilidades oferecidas pelo ferro para aumentar o desempenho humano – Enormes resíduos na fabricação do ferro

O ferro é, de longe, o fator mais importante no progresso moderno. Ele contribui mais do que qualquer outro produto industrial para a força que acelera o movimento humano. Tão geral é o uso desse metal, e tão intimamente ligado ele é a tudo o que diz respeito à nossa vida, que se tornou tão indispensável para nós quanto o próprio ar que respiramos. Seu nome é sinônimo de utilidade. Mas, por maior que seja a influência do ferro no atual desenvolvimento humano, ele não aumenta a força que impulsiona o homem para a frente nem uma fração de quanto poderia. Em primeiro lugar, sua fabricação como agora é realizada está ligada a um terrível desperdício de combustível – ou seja, desperdício de energia. Então, novamente, apenas uma parte de todo o ferro produzido é aplicada para fins úteis.

Uma boa parte disso vai para criar resistências de atrito, enquanto outra grande parte é o meio para o desenvolvimento de forças negativas que retardam muito o movimento humano. Assim, a força negativa da guerra é quase totalmente representada em ferro. É impossível estimar com qualquer grau de precisão a magnitude dessa maior de todas as forças retardadoras, mas é certamente muito considerável. Se a atual força motriz positiva devida a todas as aplicações úteis de ferro for representada por dez, por exemplo, não acho exagero estimar que a força negativa da guerra, com a devida consideração de todas as suas influências e resultados retardadores, seja, digamos, seis. Com base nessa estimativa, a força motriz efetiva do ferro na direção positiva seria medida pela diferença entre esses dois números, isto é, quatro. Mas se, através do estabelecimento da paz universal, a fabricação de maquinaria de guerra cessasse, e toda luta pela supremacia entre as nações se transformasse em competição comercial saudável, sempre ativa e produtiva, então a força propulsora positiva devida ao ferro seria medida pela soma desses dois números, que é dezesseis – ou seja, essa força teria quatro vezes seu valor atual. Esse exemplo, é claro, destina-se apenas a dar uma ideia do imenso aumento no desempenho útil da humanidade que resultaria de uma reforma radical das indústrias siderúrgicas que fornecem os implementos de guerra.

Uma vantagem inestimável semelhante na economia de energia disponível para o homem seria assegurada evitando o grande desperdício de carvão que está inseparavelmente conectado com os métodos atuais de fabricação de ferro. Em alguns países, como a Grã-Bretanha, começam a fazer-se sentir os efeitos nefastos desse desperdício de combustível. O preço do carvão sobe constantemente e os pobres sofrem cada vez mais. Embora ainda estejamos longe do temido "esgotamento das jazidas de carvão", a filantropia nos ordena a inventar novos métodos de fabricação de ferro que não envolvam desperdício tão bárbaro desse valioso material do qual extraímos atualmente a maior parte de nossa energia. É nosso dever para com as futuras gerações deixar esse estoque de energia intacto para elas, ou pelo menos não tocá-lo até que tenhamos processos aperfeiçoados para queima de carvão de forma mais eficiente. As gerações futuras precisarão de mais combustível do que nós. Deveríamos ser capazes de fabricar o ferro de que precisamos usando a energia do Sol, sem desperdiçar carvão algum. Como um esforço para esse fim, a ideia de fundir minérios de ferro por correntes elétricas obtidas da energia da queda de água surgiu naturalmente para muitos. Eu mesmo gastei muito tempo tentando desenvolver um processo assim tão prático, que permitisse que o ferro fosse fabricado a um custo baixo. Depois de uma investigação prolongada do assunto, descobrindo que não era lucrativo usar as correntes geradas diretamente para fundir o minério, desenvolvi um método que é muito mais econômico.

Capítulo VII
Produção econômica de ferro por um novo processo

O projeto industrial, conforme elaborei há seis anos, contemplava o emprego das correntes elétricas derivadas da energia de uma cachoeira, não diretamente para a fundição do minério, mas para a decomposição da água em uma etapa preliminar. Para diminuir o custo da usina, propus gerar as correntes em dínamos excepcionalmente baratos e simples, que projetei para esse único fim. O hidrogênio liberado na decomposição eletrolítica deveria ser queimado ou recombinado com o oxigênio, não com aquele do qual foi separado, mas com o da atmosfera. Assim, quase toda a energia elétrica gasta na decomposição da água seria recuperada na forma de calor resultante da recombinação do hidrogênio. Esse calor era para ser aplicado na fundição do minério. O oxigênio obtido como subproduto da decomposição da água eu pretendia utilizar para alguns outros fins industriais, o que provavelmente traria bons retornos financeiros, já que é a forma mais barata de obter esse gás em grandes quantidades. Em qualquer caso, ele poderia ser empregado para queimar todos os tipos de dejetos, hidrocarbonetos baratos ou carvão da qualidade mais inferior, que não pudesse ser queimado ao ar ou de outra forma aproveitado, e assim, novamente, uma quantidade considerável de calor seria produzida, disponível para a fundição do minério. Além disso, para aumentar a economia do processo, considerei usar um arranjo tal que o metal quente e os produtos da combustão, saindo da fornalha, liberassem seu calor assim que o minério frio entrasse na fornalha, de modo que relativamente pouco da energia térmica seria perdida na fundição. Calculei que provavelmente 40 mil libras de ferro [pouco mais de 18 toneladas] poderiam ser produzidas por cavalo-vapor por ano por esse método. Generosas concessões foram feitas para aquelas perdas que são inevitáveis, sendo a quantidade acima cerca de metade daquela teoricamente possível de ser obtida. Baseando-me nessa estimativa e em dados práticos referentes a certo tipo de minério de areia existente em abundância na região dos Grandes Lagos, incluindo o custo de transporte e mão de obra, verifiquei que, em algumas localidades, o ferro poderia ser fabricado dessa forma mais barato do que por qualquer um dos métodos adotados. Esse resultado seria obtido tanto mais seguramente se o oxigênio obtido da água, em vez de ser usado para fundir o minério, como presumido, fosse empregado de forma mais lucrativa. Qualquer nova demanda por esse gás garantiria uma receita maior da usina, barateando assim o ferro. Esse projeto foi avançado apenas pelo interesse da indústria. Algum dia, espero, uma linda borboleta industrial sairá da crisálida empoeirada e murcha.

A produção de ferro a partir de minérios de areia por um processo de separação magnética é altamente recomendável em princípio, pois não envolve desperdício de carvão; mas a utilidade desse método é amplamente reduzida por causa da necessidade de posteriormente derreter o ferro. Quanto à trituração do minério de ferro, eu a consideraria racional apenas se fosse feita por energia hidráulica ou por energia obtida de outra forma sem consumo de combustível. Um processo eletrolítico a frio, que possibilitaria extrair o ferro de forma barata e também moldá-lo nas formas necessárias sem nenhum consumo de combustível, seria, em minha opinião, um grande avanço na fabricação do ferro. Em comum com alguns outros metais, o ferro resistiu até agora ao tratamento eletrolítico, mas não pode haver dúvida de que tal processo a frio acabará por substituir na metalurgia o atual método bruto de moldagem e, assim, evitar o enorme desperdício de combustível necessário para o repetido aquecimento do metal nas fundições.

Até algumas décadas atrás, a utilidade do ferro baseava-se quase inteiramente em suas notáveis propriedades mecânicas, mas, desde o advento do dínamo comercial e do motor elétrico, seu valor para a humanidade aumentou muito devido às suas qualidades magnéticas únicas. No que diz respeito a isso, o ferro foi muito melhorado ultimamente. O progresso do sinal começou há cerca de treze anos, quando descobri que, ao usar o aço macio de Bessemer em vez do ferro forjado, como então era costume, em um motor alternado, o desempenho da máquina era dobrado. Eu trouxe esse fato à atenção do sr. Albert Schmid, a cujos esforços incansáveis e habilidade se deve em grande parte a supremacia da maquinaria elétrica americana, e que era então superintendente de uma corporação industrial engajada nesse campo. Seguindo minha sugestão, ele construiu transformadores de aço, e eles mostraram a mesma melhoria notável. A investigação foi então sistematicamente continuada sob a orientação do sr. Schmid, as impurezas sendo gradualmente eliminadas do "aço" (que era apenas tal no nome, pois na realidade era puro ferro macio), e logo resultou um produto que pouco admitia novas melhorias.

Capítulo VIII
O amadurecimento do alumínio – A ruína da indústria do cobre – A grande potencialidade civilizadora do novo metal

Com os avanços do ferro nos últimos anos chegamos praticamente aos limites do aperfeiçoamento. Não podemos esperar aumentar muito materialmente sua resistência à tração, elasticidade, dureza ou maleabilidade, nem podemos esperar torná-lo muito melhor em relação às suas qualidades magnéticas. Mais recentemente, um ganho notável foi garantido pela mistura de uma pequena porcentagem de níquel com o ferro, mas não há muito espaço para avançar mais nessa direção. Novas descobertas podem ser esperadas, mas elas não podem agregar muito às propriedades valiosas do metal, embora possam reduzir consideravelmente o custo de fabricação. O futuro imediato do ferro é garantido por seu baixo custo e suas qualidades mecânicas e magnéticas incomparáveis. Estes são tais que nenhum outro produto pode competir com ele agora. Mas não há dúvida de que, num tempo não muito distante, o ferro, em muitos dos seus domínios hoje incontestados, terá de passar o cetro a outro: a idade que se aproxima será a do alumínio. Passaram-se apenas setenta anos desde que esse maravilhoso metal foi descoberto por Woehler, e a indústria do alumínio, com apenas quarenta anos de idade, já chama a atenção do mundo inteiro. Tão rápido crescimento nunca antes foi registrado na história da civilização. Há não muito tempo, o alumínio era vendido ao preço extravagante de 30 ou 40 dólares a libra [aproximadamente 454 g]; hoje pode ser obtido em qualquer quantidade desejada por alguns centavos. Além disso, não está longe o tempo em que esse preço também será considerado extravagante, pois grandes melhorias são possíveis nos métodos de sua fabricação. A maior parte do metal é hoje produzida no forno elétrico por um processo que combina fusão e eletrólise, que oferece uma série de vantagens, mas envolve naturalmente um grande desperdício da energia elétrica da corrente. Minhas estimativas mostram que o preço do alumínio poderia ser consideravelmente reduzido ao se adotar, em sua fabricação, um método semelhante ao que propus para a produção de ferro. Uma libra de alumínio requer para a fusão apenas cerca de 70% do calor necessário para fundir 1 libra de ferro, e visto que o peso do primeiro é apenas cerca de um terço do segundo, um volume de alumínio quatro vezes maior que o do ferro poderia ser obtido de uma mesma quantidade de energia térmica. Mas um processo de fabricação eletrolítico a frio é a solução ideal, e nisso depositei minha esperança.

A consequência absolutamente inevitável do avanço da indústria do alumínio será a aniquilação da indústria do cobre. Eles não podem existir e prosperar juntos, e o último está condenado além de qualquer esperança de recuperação. Mesmo agora é mais barato transmitir uma corrente elétrica através de fios de alumínio do que através de fios de cobre; fundidos de alumínio custam menos e, em muitos usos domésticos e outros, o cobre não tem chance de competir com sucesso. Uma nova redução material do preço do alumínio só pode ser fatal para o cobre. Mas o progresso do primeiro não continuará sem controle, pois, como sempre acontece nesses casos, a indústria maior absorverá a menor: os interesses gigantescos do cobre controlarão os interesses pigmeus do alumínio e o avanço lento do cobre reduzirá a marcha viva do alumínio. Isso apenas atrasará, não evitará a catástrofe iminente.

O alumínio, no entanto, não vai parar de derrubar o cobre. Antes que muitos anos se passem, ele estará envolvido em uma luta feroz contra o ferro, e no último encontrará um adversário difícil de vencer. O tema da competição dependerá em grande parte se o ferro será indispensável em máquinas elétricas. Isso só o futuro pode decidir. O magnetismo exibido no ferro é um fenômeno isolado na natureza. O que faz esse metal se comportar tão radicalmente diferente de todos os outros materiais a esse respeito ainda não foi determinado, embora muitas teorias tenham sido sugeridas. No que diz respeito ao magnetismo, as moléculas dos vários corpos se comportam como vigas ocas parcialmente preenchidas com um fluido pesado e equilibradas no meio como uma gangorra. Evidentemente, alguma influência perturbadora existe na natureza que faz que cada molécula, como uma viga, se incline para um lado ou para o outro. Se as moléculas estiverem inclinadas para um lado, o corpo é magnético; se forem inclinadas para o outro lado, o corpo não é magnético; mas ambas as posições são estáveis, como seriam no caso da viga oca, devido ao fluxo do fluido para a extremidade inferior. Agora, o maravilhoso é que as moléculas de todos os corpos conhecidos foram para um lado, enquanto as de ferro foram para o outro. Esse metal, ao que parece, tem uma origem totalmente diferente da do resto do globo. É altamente improvável que descubramos algum outro material mais barato que iguale ou supere o ferro em qualidades magnéticas.

A menos que façamos um desvio radical no caráter das correntes elétricas empregadas, o ferro será indispensável. No entanto, as vantagens que oferece são apenas aparentes. Contanto que usemos forças magnéticas fracas, ele é muito superior a qualquer outro material; mas se encontrarmos maneiras de produzir grandes forças magnéticas, melhores resultados serão obtidos sem ele. De fato, já produzi transformadores elétricos nos quais não se emprega ferro e que são capazes de realizar dez vezes mais trabalho por libra de peso do que os de ferro. Esse resultado é obtido pelo uso de correntes elétricas de altíssima taxa de vibração, produzidas de novas maneiras, em vez das correntes comuns agora empregadas nas indústrias. Também consegui operar motores elétricos sem ferro por meio de tais correntes de vibração rápida, mas os resultados, até agora, foram inferiores aos obtidos com motores comuns construídos em ferro, embora teoricamente o primeiro deva ser capaz de realizar trabalho incomparavelmente maior por unidade de peso do que o segundo. Mas as dificuldades aparentemente insuperáveis que agora estão no caminho podem vir a ser superadas no final, e então o ferro será eliminado, e toda a maquinaria elétrica será fabricada de alumínio, com toda a probabilidade, a preços ridiculamente baixos. Isso seria um golpe severo, se não fatal, sobre o ferro. Em muitos outros ramos da indústria, como a construção naval, ou onde quer que seja necessária leveza de estrutura, o progresso do novo metal será muito mais rápido. Para tais usos, ele é eminentemente adequado e certamente superará o ferro mais cedo ou mais tarde.

É altamente provável que, com o passar do tempo, possamos lhe dar muitas das qualidades que tornam o ferro tão valioso.

Embora seja impossível dizer quando essa revolução industrial será consumada, não há dúvida de que o futuro pertence ao alumínio e que, nos próximos tempos, será ele o principal meio de aumentar o desempenho humano. Ele tem, a esse respeito, capacidades muito maiores do que as de qualquer outro metal. Eu estimaria seu potencial civilizatório em cem vezes o do ferro. Essa estimativa, embora possa surpreender, não é exagerada. Em primeiro lugar, devemos lembrar que há trinta vezes mais alumínio do que ferro em volume, disponível para uso do homem. Isso por si só oferece grandes possibilidades. E, novamente, o novo metal é muito mais facilmente trabalhável, o que aumenta seu valor. Em muitas de suas propriedades participa do caráter de um metal precioso, o que lhe confere um valor adicional. Sua condutividade elétrica, que, para um determinado peso, é maior do que a de qualquer outro metal, por si só seria suficiente para torná-lo um dos fatores mais importantes no futuro progresso humano. Sua extrema leveza facilita muito o transporte dos objetos fabricados. Em virtude dessa propriedade, ele revolucionará a construção naval e, ao facilitar o transporte e as viagens, aumentará enormemente o desempenho útil da humanidade. Mas sua maior propriedade civilizadora será, acredito eu, a viagem aérea, que certamente será realizada por meio dela. Instrumentos telegráficos iluminarão lentamente os bárbaros. Motores elétricos e lâmpadas funcionarão mais rapidamente, mas mais rápido do que qualquer outra coisa que a máquina voadora fará. Ao tornar a viagem idealmente fácil, será ela o melhor meio para unificar os elementos heterogêneos da humanidade. Como primeiro passo para essa realização, devemos produzir uma bateria de armazenamento mais leve ou obter mais energia do carvão.

Capítulo IX
Esforços para obter mais energia do carvão – A transmissão elétrica – O motor a gás – A bateria de carvão frio

Lembro que certa vez considerei a produção de eletricidade pela queima de carvão em uma bateria como a maior conquista para o avanço da civilização, e fico surpreso ao descobrir o quanto o estudo contínuo desses assuntos modificou meus pontos de vista. Agora me parece que queimar carvão, por mais eficiente que seja, em uma bateria seria um mero artifício, uma fase na evolução para algo muito mais perfeito. Afinal, ao gerar eletricidade dessa forma, estaríamos destruindo material, e isso seria um processo bárbaro. Devemos ser capazes de obter a energia de que precisamos sem consumir material. Mas estou longe de subestimar o valor de um método tão eficiente de queimar combustível. Atualmente, a maior parte da potência motriz vem do carvão e, diretamente ou por meio de seus produtos, aumenta enormemente a energia humana. Infelizmente, em todo o processo agora adotado, a maior parte da energia do carvão é dissipada inutilmente. As melhores máquinas a vapor utilizam apenas uma pequena parte da energia total. Mesmo nos motores a gás, nos quais, sobretudo ultimamente, melhores resultados são obtidos, ainda ocorre um desperdício bárbaro. Em nossos sistemas de iluminação elétrica mal utilizamos um terço de 1%, e na iluminação a gás uma fração muito menor da energia total do carvão. Considerando os vários usos do carvão em todo o mundo, certamente não utilizamos mais do que 2% de sua energia teoricamente disponível. O homem que parasse com esse desperdício sem sentido seria um grande benfeitor da humanidade, embora a solução que ele oferecesse não pudesse ser permanente, pois acabaria levando ao esgotamento do estoque de material. Esforços para obter mais energia do carvão agora estão sendo feitos principalmente em duas direções – gerando eletricidade e produzindo gás para fins de potência motriz. Em ambas as linhas já foram alcançados notáveis sucessos.

O advento do sistema de corrente alternada de transmissão de energia elétrica marca uma época na economia de energia disponível para o homem a partir do carvão. Evidentemente, toda a energia elétrica obtida de uma cachoeira, que tanto combustível economiza, é um ganho líquido para a humanidade, o que é ainda mais eficaz porque é obtido com pouco esforço humano e, sendo o mais perfeito de todos os métodos conhecidos de derivação de energia do Sol, contribui de muitas maneiras para o avanço da civilização. Mas a eletricidade também nos permite obter do carvão muito mais energia do que era praticável nos velhos tempos. Em vez de transportar o carvão para locais distantes de consumo, nós o queimamos perto da mina, desenvolvemos eletricidade nos dínamos e transmitimos a corrente para localidades remotas, efetuando assim uma economia considerável. Em vez de conduzir o maquinário de uma fábrica da maneira antiga, esbanjadora de correias e eixos, geramos eletricidade pela força do vapor e operamos motores elétricos. Dessa forma não é incomum obter duas ou três vezes mais força motriz efetiva do combustível, além de garantir muitas outras vantagens importantes. É nesse campo, tanto quanto na transmissão de energia a grandes distâncias, que o sistema de corrente alternada, com sua maquinaria idealmente simples, está provocando uma revolução industrial. Mas em muitos aspectos esse progresso ainda não foi plenamente sentido. Por exemplo, navios a vapor e trens ainda são movidos pela aplicação direta de energia a vapor em hastes ou eixos. Uma porcentagem muito maior da energia térmica do combustível poderia ser transformada em energia motriz usando, no lugar dos motores marítimos e locomotivas adotados, dínamos acionados por motores a vapor ou a gás de alta pressão especialmente projetados e utilizando a eletricidade gerada para a propulsão. Um ganho de 50% a 100% na energia efetiva derivada do carvão poderia ser assegurada dessa maneira. É difícil entender por que um fato tão claro e óbvio não está recebendo mais atenção dos engenheiros. Em navios a vapor oceânicos, tal melhoria seria particularmente desejável, pois eliminaria o ruído e aumentaria materialmente a velocidade e a capacidade de carga dos transatlânticos.

Ainda mais energia está sendo obtida do carvão pela mais recente máquina a gás melhorada, que resulta em média, provavelmente, no dobro da economia da melhor máquina a vapor. A introdução do motor a gás é muito facilitada pela importância da indústria do gás. Com o uso crescente da luz elétrica, cada vez mais o gás é utilizado para fins de aquecimento e força motriz. Em muitas ocasiões, o gás é fabricado perto da mina de carvão e transportado para locais distantes de consumo, resultando em uma economia considerável tanto no custo de transporte quanto na utilização da energia do combustível. No estado atual das artes mecânicas e elétricas, a maneira mais racional de extrair energia do carvão é, evidentemente, fabricar gás próximo ao depósito de carvão e utilizá-lo, no local ou em outro lugar, para gerar eletricidade para usos industriais em dínamos movidos por motores a gás. O sucesso comercial de tal fábrica depende em grande parte da produção de motores a gás de grande potência nominal, que, a julgar pela aguçada atividade nesse campo, logo estará disponível. Em vez de consumir o carvão diretamente, como de costume, o gás deve ser fabricado a partir dele e queimado para economizar energia.

Mas todas essas melhorias não podem ser mais do que fases passageiras na evolução em direção a algo muito mais perfeito, pois, em última análise, devemos conseguir obter eletricidade do carvão de maneira mais direta, sem envolver grandes perdas de energia térmica. Se o carvão pode ser oxidado por um processo a frio ainda é uma questão em aberto. Sua combinação com o oxigênio sempre envolve calor, e ainda não foi determinado se a energia da combinação do carbono com outro elemento pode ser transformada diretamente em energia elétrica. Sob certas condições, o ácido nítrico queima o carbono, gerando uma corrente elétrica, mas a solução não permanece fria. Outros meios de oxidação do carvão foram propostos, mas não ofereceram nenhuma promessa de conduzir a um processo eficiente. Minha própria falta de sucesso foi completa, embora talvez não tão completa quanto a de alguns que "aperfeiçoaram" a bateria de carvão frio. Esse problema é sobretudo para o químico resolver. Não é para o físico, que determina todos os seus resultados com antecedência, para que, quando o experimento for tentado, não possa falhar. A química, embora seja uma ciência que lida com certezas, ainda não admite uma solução por métodos que ofereçam tanta certeza como os que estão disponíveis no tratamento de muitos problemas físicos. O resultado, se possível, será obtido por meio de tentativas patenteadas, e não por dedução ou cálculo. Logo chegará o tempo, porém, em que o químico será capaz de seguir um curso claramente traçado de antemão, e em que o processo para chegar a um resultado desejado será puramente construtivo. A bateria de carvão frio daria um grande ímpeto ao desenvolvimento elétrico; levaria muito em breve a uma máquina voadora prática e aumentaria enormemente a introdução do automóvel. Mas esses e muitos outros problemas serão mais bem resolvidos, e de forma mais científica, por uma bateria leve.

Capítulo X
Energia do meio – Moinho de vento e motor solar – Força motriz do calor terrestre – Eletricidade de fontes naturais

Além do combustível, há material abundante do qual podemos, em última análise, obter energia. Uma imensa quantidade de energia está contida no calcário, por exemplo, e as máquinas podem ser acionadas liberando o ácido carbônico através do ácido sulfúrico ou de outra forma. Certa vez, construí um motor assim e ele funcionou satisfatoriamente.

Mas, quaisquer que sejam nossos recursos de energia primária no futuro, devemos, para ser racionais, obtê-los sem o consumo de qualquer material. Há muito tempo cheguei a essa conclusão, e para chegar a esse resultado apenas duas maneiras, como antes indicadas, pareciam possíveis – ou voltar a usar a energia do Sol armazenada no meio ambiente, ou transmitir, através do meio, a energia do Sol para lugares distantes de alguma localidade onde fosse obtida sem consumo de material. Naquela época, rejeitei imediatamente o último método como totalmente impraticável e passei a examinar as possibilidades do primeiro.

É difícil de acreditar, mas é fato que, desde tempos imemoriais, o homem tem à sua disposição uma máquina razoavelmente boa que lhe permite utilizar a energia do meio ambiente. Essa máquina é o moinho de vento. Ao contrário da crença popular, a energia obtida do vento é bastante considerável. Muitos inventores iludidos passaram anos de sua vida tentando "aproveitar as marés", e alguns até propuseram comprimir o ar pela força das marés ou das ondas para fornecer energia, nunca entendendo os sinais do velho moinho de vento na colina, enquanto balançava tristemente os braços e os mandava parar. O fato é que um motor de ondas ou de marés teria, via de regra, apenas uma pequena chance de competir comercialmente com o moinho de vento, que é de longe a melhor máquina, permitindo obter uma quantidade muito maior de energia de maneira mais simples. A energia eólica foi, nos tempos antigos, de valor inestimável para o homem, mesmo que tivesse servido apenas para permitir que ele cruzasse os mares. Ainda hoje é um fator muito importante nas viagens e transportes. Mas há grandes limitações nesse método idealmente simples de utilizar a energia do Sol. As máquinas são grandes para uma dada produção, e a energia é intermitente, necessitando assim de armazenamento de energia e aumentando o custo da usina.

Uma maneira muito melhor, no entanto, de obter energia seria aproveitar os raios solares, que batem na Terra incessantemente e fornecem energia a uma taxa máxima de mais de 4 milhões de cavalos por milha quadrada [1,15 kW/m^2]. Embora a energia média recebida por milha quadrada em qualquer localidade durante o ano seja apenas uma pequena fração dessa quantidade, uma fonte inesgotável de energia seria aberta pela descoberta de algum método eficiente de utilizar a energia dos raios. A única forma racional conhecida por mim na época em que comecei o estudo desse assunto era empregar algum tipo de motor térmico ou termodinâmico, acionado por um fluido volátil evaporado em uma caldeira pelo calor dos raios. Mas uma investigação mais detalhada desse método e cálculos mostraram que, apesar da aparentemente vasta quantidade de energia recebida dos raios solares, apenas uma pequena fração dessa energia poderia ser realmente utilizada dessa maneira. Além disso, a energia fornecida pelas radiações do Sol é periódica, e as mesmas limitações que no uso do moinho de vento são encontradas aqui também. Depois de um longo estudo desse modo de obter força motriz do Sol, levando em conta o necessariamente grande volume da caldeira, a baixa eficiência do motor térmico, o custo adicional de armazenar a energia e outras desvantagens, cheguei à conclusão de que o "motor solar", com exceção de alguns casos, não poderia ser explorado industrialmente com sucesso.

Outra maneira de obter potência motriz do meio sem consumir nenhum material seria utilizar o calor contido na terra, na água ou no ar para acionar um motor. É um fato bem conhecido que as porções interiores do globo são muito quentes, a temperatura subindo, como mostram as observações, com a aproximação do centro à taxa de aproximadamente 1°C para cada 100 pés [pouco mais de 30 metros] de profundidade. As dificuldades de afundar poços e colocar caldeiras a profundidades de, digamos, 12 mil pés [3,7 quilômetros], correspondendo a um aumento de temperatura de cerca de 120°C, não são insuperáveis, e certamente poderíamos nos valer dessa maneira do calor interno do globo. Na verdade, não seria sequer necessário ir a profundidade alguma para extrair energia do calor terrestre. As camadas superficiais da Terra e os estratos de ar próximos a elas estão a uma temperatura suficientemente elevada para evaporar algumas substâncias extremamente voláteis, que poderíamos usar em nossas caldeiras em vez de água. Não há dúvida de que uma embarcação pode vir a ser impulsionada no oceano por um motor acionado por um fluido assim volátil, sem outra energia sendo usada além do calor retirado da água. Mas a quantidade de energia que poderia ser obtida dessa maneira seria, sem provisão adicional, muito pequena.

A eletricidade produzida por causas naturais é outra fonte de energia que pode ser disponibilizada. As descargas atmosféricas de raios envolvem grandes quantidades de energia elétrica, que poderíamos utilizar transformando-a e armazenando-a. Há alguns anos, divulguei um método de transformação elétrica que torna fácil a primeira parte dessa tarefa, mas o armazenamento da energia das descargas atmosféricas será difícil de realizar. É bem sabido, além disso, que correntes elétricas circulam constantemente através da terra, e que existe, entre a terra e qualquer camada de ar, uma diferença de pressão elétrica, que varia em proporção à altura.

Em experimentos recentes, descobri dois novos fatos importantes a esse respeito. Um desses fatos é que uma corrente elétrica é gerada em um fio que se estende do solo a uma grande altura pelo movimento axial, e provavelmente também pelo movimento de translação, da Terra. Nenhuma corrente apreciável, no entanto, fluirá continuamente no fio, a menos que se permita que a eletricidade vaze para o ar. Seu escape é muito facilitado ao se proporcionar, na extremidade elevada do fio, um terminal condutor de grande superfície, com muitas arestas ou pontas afiadas. Estamos assim habilitados a obter um fornecimento contínuo de energia elétrica meramente sustentando um fio em uma altura, mas, infelizmente, a quantidade de eletricidade que pode ser assim obtida é pequena.

O segundo fato que determinei é que os estratos de ar superiores estão permanentemente carregados com eletricidade oposta à da Terra. Assim, pelo menos, interpretei minhas observações, a partir das quais parece que a Terra, com seu invólucro adjacente isolante e condutor externo, constitui um capacitor elétrico altamente carregado contendo, com toda probabilidade, uma grande quantidade de energia elétrica que pode ser transformada para os usos do homem, se for possível alcançar com um fio a grandes altitudes.

É possível, e até provável, que se abram, com o tempo, outros recursos de energia, dos quais não temos conhecimento agora. Talvez possamos até mesmo encontrar maneiras de aplicar forças como magnetismo ou gravidade para acionar máquinas sem usar nenhum outro meio. Tais realizações, embora altamente improváveis, não são impossíveis. Um exemplo transmitirá melhor uma ideia do que podemos esperar alcançar e do que nunca poderemos alcançar. Imagine um disco de algum material perfeitamente homogêneo posto para girar em rolamentos sem atrito em um eixo horizontal acima do solo. Esse disco, estando perfeitamente equilibrado nas condições acima, permaneceria em repouso em qualquer posição. Agora, é possível que aprendamos a fazer tal disco girar continuamente e realizar trabalho pela força da gravidade sem nenhum esforço adicional de nossa parte; mas é perfeitamente impossível para o disco girar e realizar trabalho sem nenhuma força externa. Se ele pudesse fazê-lo, seria o que é designado cientificamente como um moto perpétuo, uma máquina que cria sua própria força motriz. Para fazer o disco girar pela força da gravidade, basta inventar uma tela que bloqueasse essa força. Por meio de tal tela poderíamos evitar que essa força atuasse em uma metade do disco, e a rotação do último continuaria. Pelo menos, não podemos negar tal possibilidade até que saibamos exatamente a natureza da força da gravidade.[1] Suponha que essa força seja devida a um movimento comparável ao de uma corrente de ar passando de cima em direção ao centro da Terra. O efeito de tal corrente em ambas as metades do disco seria igual, e o último não giraria normalmente; mas se uma das metades fosse protegida por uma placa impedindo o movimento, ela giraria.

---

1 Desde que o texto foi escrito, muito se aprendeu sobre a natureza da gravidade com o desenvolvimento da relatividade geral. A possibilidade aqui levantada, no entanto, permanece tão implausível quanto antes, se não ainda mais. (N.T.)

Capítulo XI
Um desvio dos métodos conhecidos – Possibilidade de um motor ou máquina "autoatuante", inanimado, contudo capaz, como um ser vivo, de derivar energia do meio – A maneira ideal de obter energia motriz

Quando comecei a investigação do assunto em consideração, e quando as ideias precedentes ou semelhantes se apresentaram a mim pela primeira vez, embora eu não estivesse familiarizado com vários dos fatos mencionados, um levantamento das várias maneiras de utilizar a energia do meio me convenceu, no entanto, que, para chegar a uma solução prática plenamente satisfatória, um afastamento radical dos métodos então conhecidos tinha que ser feito. O moinho de vento, o motor solar, o motor movido pelo calor terrestre tinham suas limitações na quantidade de potência obtida. Alguma nova maneira tinha que ser descoberta para que obtivéssemos mais energia. Havia energia térmica suficiente no meio, mas apenas uma pequena parte dela estava disponível para a operação de um motor nas formas então conhecidas. Além disso, a energia era obtida apenas em uma taxa muito lenta. Claramente, então, o problema era descobrir algum novo método que tornasse possível utilizar mais energia térmica do meio e também retirá-la dele a uma taxa mais rápida.

Eu estava me esforçando em vão a formar uma ideia de como isso poderia ser realizado quando li algumas declarações de Carnot e Lord Kelvin (então Sir William Thomson) que praticamente significavam que é impossível para um mecanismo inanimado ou uma máquina de ação automática resfriar uma porção do meio abaixo da temperatura do ambiente, e operar pelo calor dele extraído. Essas declarações me interessaram intensamente. Evidentemente, um ser vivo poderia fazer exatamente isso, e uma vez que as experiências de minha infância que relatei me convenceram de que um ser vivo é apenas um autômato ou, dito de outra forma, um "motor autônomo", cheguei à conclusão de que era possível construir uma máquina que fizesse o mesmo. Como primeiro passo para essa realização, concebi o seguinte mecanismo. Imagine uma termopilha consistindo de várias barras de metal que se estendem da Terra ao espaço sideral além da atmosfera. O calor de baixo, conduzido para cima ao longo dessas barras metálicas, resfriaria a terra ou o mar ou o ar, conforme a localização das partes inferiores das barras, e o resultado, como se sabe, seria uma corrente elétrica circulando nessas barras. Os dois terminais da termopilha podiam agora ser unidos por meio de um motor elétrico e, teoricamente, esse motor funcionaria continuamente, até que o meio abaixo fosse resfriado à temperatura do espaço sideral. Este seria um motor inanimado que, ao que tudo indica, estaria resfriando uma porção do meio abaixo da temperatura do ambiente e operando por meio do calor removido.

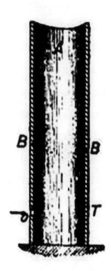

Diagrama b: Obtenção de energia do meio ambiente.

A, meio com pouca energia; B, B, meio ambiente com muita energia; O, caminho da energia.

Mas não era possível realizar uma condição semelhante sem necessariamente ir a uma altura? Conceba, para fins de ilustração, um invólucro [cilíndrico] T, conforme ilustrado no Diagrama b, de modo que a energia não possa ser transferida através dele, exceto por um canal ou caminho O, e que, por um meio ou outro, nesse invólucro seja mantido um meio que teria pouca energia, e que no lado externo do mesmo haveria o meio ambiente comum com muita energia. Sob essas suposições, a energia fluiria pelo caminho O, conforme indicado pela seta, e poderia então ser convertida em alguma outra forma de energia. A pergunta era: tal condição poderia ser alcançada? Poderíamos produzir artificialmente tal "escoadouro" para a energia do meio ambiente fluir? Suponha que uma temperatura extremamente baixa pudesse ser mantida por algum processo em dado espaço; o meio ao redor seria então compelido a liberar calor, que poderia ser convertido em energia mecânica ou outra forma de energia e utilizado. Ao realizar tal plano, deveríamos ser capazes de obter, em qualquer ponto do globo, um suprimento contínuo de energia, dia e noite. Mais do que isso, raciocinando em abstrato, pareceria possível causar uma rápida circulação do meio e, assim, extrair a energia a uma taxa muito rápida.

Aqui, então, estava uma ideia que, se realizável, forneceria uma solução feliz para o problema de obtenção de energia do meio. Mas era realizável? Convenci-me de que sim de várias maneiras, das quais uma é a seguinte. No que diz respeito ao calor, estamos em um nível elevado, que pode ser representado pela superfície de um lago montanhoso consideravelmente acima do mar, cujo nível pode marcar o zero absoluto de temperatura existente no espaço interestelar. O calor, como a água, flui do alto para o baixo nível e, consequentemente, assim como podemos deixar a água do lago correr para o mar, também podemos deixar o calor da superfície da Terra subir para a região fria acima. O calor, tal como a água, pode realizar trabalho ao fluir para baixo, e se tivéssemos alguma dúvida sobre se poderíamos derivar energia do meio mediante uma termopilha, conforme descrito anteriormente, ela seria dissipada por esse análogo. Mas podemos formar o frio em uma determinada porção do espaço e fazer que o calor flua continuamente? Criar tal "escoadouro" ou "buraco frio", como poderíamos dizer, no meio, seria equivalente a produzir no lago um espaço vazio ou preenchido com algo muito mais leve que a água. Isso poderíamos fazer colocando no lago um tanque e bombeando toda a água para fora dele. Sabemos, então, que a água, se deixada fluir de volta para o tanque, seria, teoricamente, capaz de realizar exatamente a mesma quantidade de trabalho que foi usada para bombeá-la, mas nem um pouco mais. Consequentemente, nada poderia ser ganho nessa dupla operação de primeiro levantar a água e depois deixá-la cair. Isso significaria que é impossível criar tal dissipador no meio. Mas vamos refletir por um momento. O calor, embora seguindo certas leis gerais da mecânica como um fluido, não o é; ele é energia que pode ser convertida em outras modalidades de energia ao passar de um nível alto para um baixo. Para tornar nossa analogia mecânica completa e verdadeira, devemos, portanto, supor que a água, em sua passagem para o tanque, é convertida em outra coisa, que pode ser retirada sem usar energia ou usando muito pouca. Por exemplo, se o calor é representado nesse análogo pela água do lago, o oxigênio e o hidrogênio que compõem a água podem ilustrar outras modalidades de energia nas quais o calor é transformado ao passar de quente para frio. Se o processo de transformação do calor fosse absolutamente perfeito, nenhum calor chegaria ao nível baixo, pois todo ele seria convertido em outras formas de energia. Correspondendo a esse caso ideal, toda a água que entrasse no tanque seria decomposta em oxigênio e hidrogênio antes de chegar ao fundo, e o resultado seria que a água entraria continuamente, mas o tanque permaneceria totalmente vazio, com os gases formados escapando. Produziríamos assim, gastando inicialmente uma certa quantidade de trabalho para criar um escoadouro para que o calor ou, respectivamente, a água, fluísse, uma condição que nos permitiria obter qualquer quantidade de energia sem esforço adicional. Esta seria uma maneira ideal de obter energia motriz. Não conhecemos nenhum processo absolutamente perfeito de conversão de calor e, consequentemente, algum calor geralmente atingirá o nível baixo, o que significa dizer, em nosso análogo mecânico, que um pouco de água chegará ao fundo do tanque e um enchimento gradual e lento deste último ocorrerá, necessitando de bombeamento contínuo. Mas, evidentemente, haverá menos para bombear do que o que escoe para dentro, ou, em outras palavras, menos energia será necessária para manter a condição inicial do que é desenvolvido pela queda, e isso quer dizer que alguma energia será ganha do meio. O que não é convertido no escoamento para baixo pode ser simplesmente elevado com sua própria energia, e o que é convertido é ganho claro. Assim, a virtude do princípio que descobri reside inteiramente na conversão da energia no fluxo descendente.

Capítulo XII
Primeiros esforços para produzir o motor autoatuante – O oscilador mecânico – Obra de Dewar e Linde – Ar líquido

Tendo reconhecido essa verdade, comecei a inventar meios para realizar minha ideia e, depois de muito pensar, finalmente concebi uma combinação de aparelhos que deveria tornar possível a obtenção de energia do meio por um processo de resfriamento contínuo do ar atmosférico. Esse aparelho, ao transformar continuamente o calor em trabalho mecânico, tendia a tornar-se cada vez mais frio e, se apenas fosse possível atingir uma temperatura muito baixa dessa maneira, então um escoadouro para o calor poderia ser produzido e a energia poderia ser extraída do meio. Isso parecia ser contrário às declarações de Carnot e Lord Kelvin antes mencionadas, mas concluí pela teoria do processo que tal resultado poderia ser alcançado. A essa conclusão cheguei, creio, no final de 1883, quando estava em Paris, e foi numa época em que minha mente estava sendo cada vez mais dominada por uma invenção que eu desenvolvera durante o ano anterior e que desde então tornou-se conhecida sob o nome de "campo magnético rotativo". Durante os poucos anos que se seguiram, elaborei ainda mais o plano que havia imaginado e estudei as condições de trabalho, mas fiz pouco progresso. A introdução comercial nesse país da invenção supramencionada exigiu a maior parte de minhas energias até 1889, quando retomei a ideia da máquina autoatuante. Uma investigação mais detalhada dos princípios envolvidos e cálculos mostraram agora que o resultado que eu pretendia não poderia ser alcançado de maneira prática por máquinas comuns, como esperava no início. Isso me levou, como passo seguinte, ao estudo de um tipo de motor geralmente designado como "turbina", que a princípio parecia oferecer melhores chances para a realização da ideia. Logo descobri, porém, que a turbina também era inadequada. Mas minhas conclusões mostraram que, se um motor de um tipo peculiar pudesse ser levado a um alto grau de perfeição, o plano que eu concebera era realizável, e resolvi prosseguir com o desenvolvimento de tal motor, cujo objetivo principal era garantir a maior economia de transformação de calor em energia mecânica. Uma característica do motor era que o pistão de trabalho não estava conectado a mais nada, mas estava perfeitamente livre para vibrar a uma taxa enorme.

As dificuldades mecânicas encontradas na construção desse motor foram maiores do que eu esperava, e fiz um progresso lento. Esse trabalho foi continuado até o início de 1892, quando fui para Londres, onde vi as admiráveis experiências do professor Dewar com gases liquefeitos. Outros já haviam liquefeito gases anteriormente e, notavelmente, Ozlewski e Pictet haviam realizado experiências iniciais dignas de crédito nessa linha, mas havia tanto vigor no trabalho de Dewar que até mesmo o antigo parecia novo. Suas experiências mostraram, embora de maneira diferente do que eu imaginava, que era possível atingir uma temperatura muito baixa transformando calor em trabalho mecânico, e voltei profundamente impressionado com o que havia visto e mais do que nunca convencido de que meu plano era viável. O trabalho temporariamente interrompido foi retomado, e logo eu tinha em bom estado de perfeição o motor que denominei "o oscilador mecânico". Nessa máquina, consegui eliminar todas as embalagens, válvulas e lubrificação, e produzir uma vibração tão rápida do pistão que hastes de aço resistente, presas a ele e vibrando longitudinalmente, se despedaçavam. Combinando esse motor com um dínamo de projeto especial, produzi um gerador elétrico altamente eficiente, inestimável em medições e determinações de grandezas físicas devido à taxa invariável de oscilação obtida por esses meios. Exibi vários tipos dessa máquina, denominada "oscilador mecânico e elétrico", antes do Congresso Elétrico na Feira Mundial de Chicago durante o verão de 1893, em uma palestra que, devido a outros trabalhos urgentes, não pude preparar para publicação. Naquela ocasião, expus os princípios do oscilador mecânico, mas o propósito original dessa máquina é explicado aqui pela primeira vez.

No processo, como eu o concebi inicialmente, para a utilização da energia do meio ambiente, havia cinco elementos essenciais em combinação, e cada um deles tinha de ser projetado e originalmente aperfeiçoado, já que tais máquinas não existiam. O oscilador mecânico foi o primeiro elemento dessa combinação e, tendo-o aperfeiçoado, passei para o próximo, que era um compressor de ar com um *design* em certos aspectos semelhante ao do oscilador mecânico. Dificuldades similares na construção foram novamente encontradas, mas o trabalho foi impulsionado vigorosamente e, no final de 1894, eu havia completado esses dois elementos da combinação e, assim, produzi um aparelho para comprimir o ar, virtualmente em qualquer pressão desejada, incomparavelmente mais simples, menor e mais eficiente que o comum. Eu estava apenas começando a trabalhar no terceiro elemento, que, junto com os dois primeiros, resultaria em uma máquina de refrigeração de excepcional eficiência e simplicidade, quando um infortúnio me ocorreu sob forma de um incêndio em meu laboratório, o que prejudicou meus trabalhos e me atrasou.

Pouco tempo depois, o dr. Carl Linde anunciou a liquefação do ar por um processo de autorresfriamento, demonstrando que era viável prosseguir com o resfriamento até que ocorresse a liquefação do ar. Essa foi a única prova experimental que eu ainda aguardava de que a energia pudesse ser obtida do meio ambiente da maneira por mim contemplada.

A liquefação do ar por um processo de autorresfriamento não foi, como popularmente se acredita, uma descoberta acidental, mas sim um resultado científico que não poderia ter sido adiado por muito mais tempo e que, com toda a probabilidade, não poderia ter escapado de Dewar. Esse avanço fascinante, creio eu, deve-se em grande parte ao poderoso trabalho desse grande escocês. No entanto, a conquista de Linde é imortal. A fabricação de ar líquido é realizada há quatro anos na Alemanha, em escala muito maior do que em qualquer outro país, e esse estranho produto tem sido aplicado para uma variedade de propósitos. Muito se esperava dela no começo, mas até agora tem sido um *ignis fatuus* industrial. Pelo uso de maquinário como estou aperfeiçoando, seu custo provavelmente diminuirá muito, mas mesmo assim seu sucesso comercial será questionável. Quando usado como refrigerante é antieconômico, pois sua temperatura é desnecessariamente baixa. É tão caro manter um corpo a uma temperatura muito baixa quanto mantê-lo muito quente; é preciso carvão para manter o ar frio. Na fabricação de oxigênio, ainda não pode competir com o método eletrolítico. Para uso como explosivo é inadequado, porque sua baixa temperatura novamente o condena a uma pequena eficiência, e para fins de energia motriz, seu custo ainda é muito alto. É interessante notar, no entanto, que, ao acionar um motor por ar líquido, uma certa quantidade de energia pode ser obtida do motor ou, dito de outra forma, do meio ambiente que mantém o motor aquecido, cada 200 libras [91 kg] de fundição de ferro do último contribuindo com energia na taxa de cerca de 1 cavalo-vapor efetivo [746 W] durante uma hora. Mas esse ganho do consumidor é compensado por uma perda igual do produtor.

Muito dessa tarefa na qual tenho trabalhado por tanto tempo ainda precisa ser feito. Uma série de detalhes mecânicos ainda precisa ser aperfeiçoada e algumas dificuldades de natureza diferente, ser dominadas, e não posso esperar produzir uma máquina autoatuante derivando energia do meio ambiente ainda por muito tempo, mesmo que todas as minhas expectativas se materializem. Muitas circunstâncias ocorreram que retardaram meu trabalho ultimamente, mas por várias razões o atraso foi benéfico.

Uma dessas razões era que eu tinha bastante tempo para considerar quais poderiam ser as possibilidades finais desse desenvolvimento. Trabalhei por muito tempo plenamente convencido de que a realização prática desse método de obtenção de energia solar seria de valor industrial incalculável, mas o estudo continuado do assunto revelou que, embora seja comercialmente lucrativo se minhas expectativas forem bem fundadas, não o será em grau extraordinário.

Capítulo XIII
Descoberta de propriedades inesperadas da atmosfera – Experimentos estranhos – Transmissão de energia elétrica por um fio sem retorno – Transmissão pela terra sem fio

Outra dessas razões foi que tive de reconhecer a transmissão de energia elétrica a qualquer distância através dos meios como, de longe, a melhor solução para o grande problema de aproveitar a energia do Sol para uso do homem. Por muito tempo eu estava convencido de que tal transmissão em escala industrial nunca poderia ser realizada, mas uma descoberta que fiz mudou minha visão. Observei que, sob certas condições, a atmosfera, que normalmente é altamente isolante, assume propriedades condutoras e, assim, torna-se capaz de transportar qualquer quantidade de energia elétrica. Mas as dificuldades na utilização prática dessa descoberta com o propósito de transmitir energia elétrica sem fios eram aparentemente insuperáveis. Pressões elétricas de muitos milhões de volts tiveram que ser produzidas e manipuladas; aparelhos geradores de um novo tipo, capazes de suportar as imensas tensões elétricas, tiveram que ser inventados e aperfeiçoados, e uma segurança completa contra os perigos das correntes de alta tensão teve que ser alcançada no sistema antes que sua introdução prática pudesse ser sequer pensada. Tudo isso não poderia ser feito em algumas semanas ou meses, ou mesmo anos. O trabalho exigia paciência e dedicação constante, mas as melhorias vieram, mesmo que lentamente. Outros resultados valiosos foram, no entanto, alcançados no curso desse longo trabalho, dos quais me esforçarei para dar um breve relato, enumerando os principais avanços à medida que foram sucessivamente efetuados.

A descoberta das propriedades condutoras do ar, apesar de inesperada, foi apenas um resultado natural de experimentos em um campo particular que eu havia realizado alguns anos antes. Foi, acredito, durante 1889 que certas possibilidades oferecidas por oscilações elétricas extremamente rápidas me determinaram a projetar uma série de máquinas especiais adaptadas para sua investigação. Devido aos requisitos peculiares, a construção dessas máquinas foi muito difícil e consumiu muito tempo e esforço; mas meu trabalho neles foi generosamente recompensado, pois alcancei por meio deles vários resultados novos e importantes. Uma das primeiras observações que fiz com essas novas máquinas foi que oscilações elétricas de altíssima frequência agem de maneira extraordinária sobre o organismo humano. Assim, por exemplo, demonstrei que poderosas descargas elétricas de várias centenas de milhares de volts, que naquela época eram consideradas absolutamente mortais, podiam passar pelo corpo sem inconvenientes ou consequências prejudiciais. Essas oscilações produziram outros efeitos fisiológicos específicos que, após meu anúncio, foram avidamente adotados por médicos qualificados e investigados mais a fundo. Esse novo campo provou ser frutífero além das expectativas e, nos poucos anos que se passaram desde então, desenvolveu-se a tal ponto que agora forma um departamento legítimo e importante da ciência médica. Muitos resultados, considerados impossíveis na época, hoje são facilmente obtidos com essas oscilações, e muitos experimentos inimagináveis podem agora ser prontamente realizados por seus meios. Ainda me lembro com prazer como, nove anos atrás, passei a descarga de uma poderosa bobina de indução pelo meu corpo para demonstrar perante uma sociedade científica a relativa inocuidade de correntes elétricas de vibração muito rápida, e ainda posso me lembrar do espanto de minha plateia. Eu agora me submeteria, com muito menos apreensão do que naquela experiência, à transmissão através do meu corpo, com tais correntes, de toda a energia elétrica dos dínamos que agora trabalham em Niágara – 40 ou 50 mil cavalos de potência [30-37 MW].

Produzi oscilações elétricas de tamanha intensidade que, ao circularem pelos meus braços e peito, derreteram fios que se uniram às minhas mãos, e mesmo assim não senti nenhum incômodo. Eu energizei com tais oscilações um laço de fio de cobre pesado tão poderosamente que massas de metal e até mesmo

Figura 3. Experimento para ilustrar o fornecimento de energia elétrica através de um único fio sem retorno.

Uma lâmpada incandescente comum, conectada com um ou ambos os terminais ao fio que forma a extremidade livre superior da bobina mostrada na fotografia, é iluminada por vibrações elétricas transmitidas a ela através da bobina de um oscilador elétrico, que é acionado apenas para um quinto de 1% de sua capacidade total.

objetos de uma resistência elétrica especificamente maior que a do tecido humano trazidos para perto ou colocados dentro do laço foram aquecidos a uma alta temperatura e derretidos, muitas vezes com a violência de uma explosão, e ainda nesse mesmo espaço em que essa turbulência terrivelmente destrutiva estava acontecendo, eu repetidamente enfiei minha cabeça sem sentir nada ou experimentar efeitos posteriores prejudiciais.

Outra observação foi que, por meio dessas oscilações, a luz poderia ser produzida de forma inovadora e mais econômica, o que prometia levar a um sistema ideal de iluminação elétrica por tubos a vácuo, dispensando a necessidade de renovação de lâmpadas ou filamentos incandescentes, e possivelmente também com a utilização de fios no interior dos edifícios. A eficiência dessa luz aumenta proporcionalmente à taxa das oscilações, e seu sucesso comercial é, portanto, dependente da produção econômica de vibrações elétricas a taxas transcendentes. Nessa direção, tenho obtido sucesso gratificante ultimamente, e a introdução prática desse novo sistema de iluminação não está longe.

As investigações levaram a muitas outras observações e resultados valiosos, sendo um dos mais importantes a demonstração da viabilidade de fornecer energia elétrica através de um fio sem retorno. No começo, fui capaz de transmitir dessa maneira apenas quantidades muito pequenas de energia elétrica, mas também nessa linha meus esforços foram recompensados com semelhante sucesso.

A fotografia exibida na Figura 3 ilustra, como seu título explica, uma transmissão real desse tipo efetuada com aparato usado em outros experimentos aqui descritos. Até que ponto os aparelhos foram aperfeiçoados desde minhas primeiras demonstrações no início de 1891 ante uma sociedade científica, quando meu aparelho mal era capaz de acender uma lâmpada (cujo resultado foi considerado maravilhoso), aparecerá quando eu afirmar que agora não tenho nenhuma dificuldade em iluminar dessa maneira quatrocentas ou quinhentas lâmpadas, e poderia acender muitas mais. Na verdade, não há limite para a quantidade de energia que pode ser fornecida dessa maneira para operar qualquer tipo de dispositivo elétrico.

Após ter demonstrado a praticabilidade desse método de transmissão, ocorreu-me naturalmente o pensamento de usar a terra como condutor, dispensando assim todos os fios. O que quer que seja a eletricidade, é fato que ela se comporta como um fluido incompressível, e a terra pode ser vista como um imenso reservatório de eletricidade que, pensei, poderia ser efetivamente perturbado por uma máquina elétrica projetada adequadamente. Consequentemente, meus esforços seguintes foram direcionados para o aperfeiçoamento de um aparato especial que seria altamente eficaz em criar uma

Figura 4. Experimento para ilustrar a transmissão de energia elétrica através da terra sem fio.

A bobina mostrada na fotografia tem sua extremidade inferior ou terminal conectada ao solo e está sintonizada exatamente com as vibrações de um oscilador elétrico distante. A lâmpada acesa está em um laço independente de fio, energizado por indução da bobina excitada pelas vibrações elétricas transmitidas a ela através da terra do oscilador, que é operado apenas a 5% de sua capacidade total.

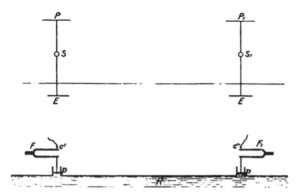

Diagrama c: Telegrafia "sem fio" mecanicamente ilustrada.

perturbação de eletricidade na terra. O progresso nessa nova direção foi necessariamente muito lento e o trabalho desencorajador, até que finalmente consegui aperfeiçoar um novo tipo de transformador ou bobina de indução, particularmente adequado para esse propósito especial. Que é possível, dessa maneira, não apenas transmitir quantidades mínimas de energia elétrica para operar dispositivos elétricos delicados, como contemplei a princípio, mas também energia elétrica em quantidades apreciáveis, aparecerá a partir de uma inspeção da Figura 4, que ilustra um experimento real desse tipo realizado com o mesmo aparato. O resultado obtido foi ainda mais notável porque a extremidade superior da bobina não foi conectada a um fio ou placa para ampliar o efeito.

Capítulo XIV
Telegrafia "sem fio" –
O segredo da sintonia –
Erros nas investigações
hertzianas – Um receptor de
sensitividade maravilhosa

Como primeiro resultado valioso de meus experimentos nessa última linha, resultou um sistema de telegrafia sem fios que descrevi em duas palestras científicas em fevereiro e março de 1893. Ele é ilustrado mecanicamente no Diagrama c, cuja parte superior mostra o arranjo elétrico como eu o descrevi então, enquanto a parte inferior ilustra seu análogo mecânico. O sistema é extremamente simples em princípio. Imagine dois diapasões F, $F1$, um na estação transmissora e o outro na estação receptora, respectivamente, cada um tendo preso ao seu pino inferior um minúsculo pistão p, encaixado em um cilindro. Ambos os cilindros se comunicam com um grande reservatório R, de paredes elásticas, que deve ser fechado e preenchido por um fluido leve e incompressível. Ao bater repetidamente em uma das pontas do diapasão *F*, o pequeno pistão *p* abaixo seria vibrado, e suas vibrações, transmitidas pelo fluido, atingiriam o garfo *F1* distante, que é "sintonizado" com o garfo *F*, ou, dito de outra forma, exatamente da mesma nota que o último. O garfo *F1* seria agora ajustado para vibrar, e sua vibração seria intensificada pela ação contínua do garfo distante *F* até que seu pino superior, balançando para fora, fizesse uma conexão elétrica com um contato estacionário *c"*, começando dessa maneira alguns aparelhos elétricos ou outros que podem ser usados para registrar os sinais. Dessa maneira simples, as mensagens poderiam ser trocadas entre as duas estações, sendo previsto para esse fim um contato semelhante *c'* próximo ao pino superior da forquilha *F*, de modo que os aparatos de cada estação pudessem ser usados sucessivamente como receptor e transmissor.

O sistema elétrico ilustrado na figura superior do Diagrama *c* é exatamente o mesmo em princípio, os dois fios ou circuitos *ESP* e *E1S1P1*, que se estendem verticalmente até uma altura, representando os dois diapasões com os pistões acoplados a eles. Esses circuitos são conectados à terra por placas *E*, *E1* e por duas chapas metálicas elevadas *P*, *P1*, que armazenam eletricidade e, assim, ampliam consideravelmente o efeito. O reservatório fechado *R*, com paredes elásticas, é, nesse caso, substituído pela terra, e o fluido pela eletricidade. Ambos os circuitos são "sintonizados" e operam exatamente como os dois diapasões. Em vez de atingir o garfo F na estação transmissora, produzem-se oscilações elétricas no fio vertical emissor ou transmissor ESP – como pela ação de uma fonte S, incluída nesse fio – que se espalham pelo solo e atingem o distante fio receptor vertical $E1S1P1$, excitando nele oscilações elétricas correspondentes. Nesse último fio ou circuito, é incluído um dispositivo sensível ou receptor $S1$, que é assim colocado em ação e feito para operar um relé ou outro aparelho. Cada estação é, evidentemente, fornecida tanto com uma fonte de oscilações elétricas S como com um receptor sensível $S1$, e uma provisão simples é feita para usar cada um dos dois fios alternadamente para enviar e receber as mensagens.

A sintonia exata dos dois circuitos garante grandes vantagens e, de fato, é essencial no uso prático do sistema. A esse respeito, existem muitos erros populares e, via de regra, nos relatórios técnicos sobre esse assunto, os circuitos e aparelhos são descritos como oferecendo essas vantagens quando, por sua própria natureza, é evidente que isso é impossível. Para obter os melhores resultados, é essencial que o comprimento de cada fio ou circuito, desde a ligação à terra até o topo, seja igual a um quarto do comprimento de onda da vibração elétrica no fio, ou então igual comprimento multiplicado por um número ímpar. Sem a observância dessa regra, é praticamente impossível impedir a interferência e garantir a privacidade das mensagens. Aí está o segredo da afinação. Para

Figura 5. Vista fotográfica das bobinas respondendo a oscilações elétricas.

A imagem mostra várias bobinas, sintonizadas de maneira diferente e respondendo às vibrações transmitidas a elas através da terra por um oscilador elétrico. A grande bobina à direita, descarregando fortemente, está sintonizada na vibração fundamental, que é de 50 mil por segundo; as duas bobinas verticais maiores, para o dobro desse número; a bobina menor de fio branco, para quatro vezes esse número; e as bobinas pequenas restantes, para tons mais altos. As vibrações produzidas pelo oscilador eram tão intensas que afetavam perceptivelmente uma pequena bobina sintonizada no 26º tom superior.

obter os resultados mais satisfatórios é, no entanto, necessário recorrer a vibrações elétricas de baixa frequência. O aparelho de faísca hertziano, usado geralmente por experimentadores, que produz oscilações de uma taxa muito alta, não permite nenhum ajuste efetivo, e pequenas perturbações são suficientes para tornar impraticável a troca de mensagens. Mas os aparelhos eficientes e cientificamente projetados permitem um ajuste quase perfeito. Uma experiência realizada com o aparato aprimorado repetidamente referido, e destinada a transmitir uma ideia desse recurso, é ilustrada na Figura 5, que é suficientemente explicada por sua nota.

Desde que descrevi esses simples princípios de telegrafia sem fio, tive frequentemente a oportunidade de observar que recursos e elementos idênticos foram usados, na evidente crença de que os sinais estão sendo transmitidos a distâncias consideráveis por radiações "hertzianas". Este é apenas um dos muitos equívocos a que as investigações do lamentado físico deram origem. Cerca de 33 anos atrás, Maxwell, seguindo um experimento sugestivo feito por Faraday em 1845, desenvolveu uma teoria idealmente simples que conectava intimamente luz, calor radiante e fenômenos elétricos, interpretando-os como sendo todos devidos a vibrações de um fluido hipotético de inconcebível tenuidade, chamado de éter. Nenhuma verificação experimental foi encontrada até que Hertz, por sugestão de Helmholtz, empreendeu uma série de experimentos nesse sentido. Hertz procedeu com extraordinária engenhosidade e perspicácia, mas dedicou pouca energia ao aperfeiçoamento de seu aparelho antiquado. A consequência foi que ele falhou em observar a importante função que o ar desempenhava em seus experimentos, e que descobri posteriormente. Repetindo seus experimentos e alcançando diferentes resultados, aventurei-me a apontar esse descuido. A força das provas apresentadas por Hertz em apoio à teoria de Maxwell residia na estimativa correta das taxas de vibração dos circuitos que ele usava. Mas verifiquei que ele não poderia ter obtido as taxas que pensava estar recebendo. As vibrações com aparelhos idênticos que ele empregou são, via de regra, muito mais lentas, devido à presença do ar, que produz um efeito de amortecimento sobre um circuito elétrico de alta pressão que vibra rapidamente, como um fluido sobre um diapasão vibrante. Entretanto, descobri desde então outras causas de erro e há muito deixei de considerar seus resultados como sendo uma verificação experimental das concepções poéticas de Maxwell. O trabalho do grande físico alemão atuou como um imenso estímulo para a pesquisa elétrica contemporânea, mas similarmente também – em certa medida, por seu fascínio – paralisou a mente científica e, assim, dificultou a investigação independente. Cada novo fenômeno que foi descoberto foi feito para se adequar à teoria, e muitas vezes a verdade foi inconscientemente distorcida.

Quando desenvolvi esse sistema de telegrafia, minha mente estava dominada pela ideia de efetuar comunicação a qualquer distância através da terra ou meio ambiente, cuja consumação prática considerei de importância transcendente, sobretudo por causa do efeito moral que não poderia deixar de ser produzido universalmente. Como primeiro esforço para esse fim, propus na época empregar estações retransmissoras com circuitos sintonizados, na esperança de tornar assim praticável a sinalização a grandes distâncias, mesmo com aparelhos de potência muito moderada então sob meu comando. Eu estava confiante, no entanto, que, com máquinas adequadamente projetadas, os sinais poderiam ser transmitidos para qualquer ponto do globo, não importando a distância, sem a necessidade de usar tais estações intermediárias. Ganhei essa convicção com a descoberta de um fenômeno elétrico singular, que descrevi no início de 1892, em palestras que proferi perante algumas sociedades científicas no exterior, e que chamei de "escova rotativa". Trata-se de um feixe de luz que se forma, sob certas condições, em uma lâmpada a vácuo, e que é sensível às influências magnéticas e elétricas que beiram, por assim dizer, o sobrenatural. Esse feixe de luz é rapidamente girado pelo magnetismo da Terra até 20 mil vezes por segundo, sendo a rotação nessas regiões oposta à que ocorreria no hemisfério sul, enquanto na região do equador magnético não deveria girar de forma alguma. Em seu estado mais sensível, que é difícil de obter, ele responde a influências elétricas ou magnéticas em um grau incrível. O mero enrijecimento dos músculos do braço e a consequente ligeira mudança elétrica no corpo de um observador que esteja a alguma distância dele irá afetá-lo perceptivelmente. Quando nesse estado altamente sensível, ele é capaz de indicar as menores mudanças magnéticas e elétricas que ocorrem na terra. A observação desse fenômeno maravilhoso me convenceu que a comunicação a qualquer distância poderia ser facilmente efetuada por seus meios, desde que o aparato pudesse ser aperfeiçoado para ser capaz de produzir uma mudança elétrica ou magnética de estado, ainda que pequena, no globo terrestre ou meio ambiente.

Figura 6. Vista fotográfica das partes essenciais do oscilador elétrico utilizado nos experimentos descritos.

Capítulo XV
Desenvolvimento de um novo princípio – O oscilador elétrico – Produção de imensos movimentos elétricos – A Terra responde ao homem – Comunicação interplanetária agora provável

Resolvi concentrar meus esforços nessa tarefa empreendedora, embora envolvesse grande sacrifício, pois as dificuldades a serem vencidas eram tais que eu só poderia esperar completá-la depois de anos de trabalho. Isso significou um atraso de outro trabalho ao qual eu teria preferido me dedicar, mas ganhei a convicção de que minhas energias não poderiam ser empregadas de maneira mais útil; pois reconheci que um aparelho eficiente para a produção de poderosas oscilações elétricas, como era necessário para esse propósito específico, era a chave para a solução de outros problemas elétricos – e, na verdade, humanos – muito importantes. Não só era possível por meio dele a comunicação, a qualquer distância, sem fios, mas, igualmente, a transmissão de energia em grandes quantidades, a queima do nitrogênio atmosférico, a produção de um iluminante eficiente e muitos outros resultados de inestimável valor científico e industrial. Finalmente, porém, tive a satisfação de cumprir a tarefa assumida pelo uso de um novo princípio, cuja virtude se baseia nas maravilhosas propriedades do capacitor elétrico. Uma delas é que ele pode descarregar ou explodir sua energia armazenada em um tempo inconcebivelmente curto. Devido a isso, é inigualável em violência explosiva. A explosão da dinamite é apenas a respiração de um tuberculoso comparada com sua descarga. É o meio de produzir a corrente mais forte, a pressão elétrica mais alta, a maior agitação no meio. Outra de suas propriedades, igualmente valiosa, é que sua descarga pode vibrar em qualquer taxa desejada até muitos milhões por segundo.

Eu havia chegado ao limite de taxas obteníveis de outras maneiras quando a feliz ideia de recorrer ao capacitor se apresentou a mim. Arranjei tal instrumento para ser carregado e descarregado alternadamente em rápida sucessão através de uma bobina com algumas voltas de fio robusto, formando o primário de um transformador ou bobina de indução. Cada vez que o capacitor era descarregado, a corrente tremia no fio primário e induzia oscilações correspondentes no secundário. Assim, um transformador ou bobina de indução em novos princípios foi desenvolvido, que chamei de "o oscilador elétrico", participando daquelas qualidades únicas

COMO AUMENTAR A ENERGIA PARA A HUMANIDADE 125

Figura 7. Experiência para ilustrar um efeito indutivo de um oscilador elétrico de grande potência.

A fotografia mostra três lâmpadas incandescentes comuns acesas ao brilho total por correntes induzidas em um laço local que consiste em um único fio formando um quadrado de 50 pés [15 metros] de cada lado, que inclui as lâmpadas, e que está a uma distância de 100 pés [30 metros] do circuito primário energizado pelo oscilador. O *loop* também inclui um capacitor elétrico e está exatamente sintonizado com as vibrações do oscilador, que é operado em menos de 5% de sua capacidade total.

que caracterizam o capacitor e permitindo que sejam alcançados resultados que seriam impossíveis por outros meios. Efeitos elétricos de qualquer caráter desejado e de intensidades nunca antes sonhadas são agora facilmente produzidos por aparelhos desse tipo aperfeiçoados, aos quais referências frequentes têm sido feitas, e cujas partes essenciais são mostradas na Figura 6. Para certos propósitos, um forte efeito indutivo é necessário; para outros, a maior brusquidão possível; para ainda outros, uma taxa excepcionalmente alta de vibração ou pressão extrema;

enquanto para certos outros objetos são necessários imensos movimentos elétricos. As fotografias nas figuras 7, 8, 9 e 10, de experimentos realizados com tal oscilador, podem servir para ilustrar algumas dessas características e dar uma ideia da magnitude dos efeitos realmente produzidos. A completeza dos títulos das figuras referidas torna desnecessária uma descrição mais aprofundada delas.

Figura 8. Experimento para ilustrar a capacidade do oscilador de produzir explosões elétricas de grande potência.

A bobina, parcialmente mostrada na fotografia, cria um movimento alternante de eletricidade da terra para um grande reservatório e vice-versa a uma taxa de 100 mil alternâncias por segundo. As regulagens são tais que o reservatório fica completamente cheio e estoura a cada alternância justamente no momento em que a pressão elétrica atinge o máximo. A descarga escapa com um ruído ensurdecedor, atingindo uma bobina desconectada a 22 pés [7 metros] de distância, e criando tal agitação de eletricidade na terra que faíscas de 1 polegada de comprimento podem ser extraídas de um cano de água a uma distância de 300 pés [91 metros] do laboratório.

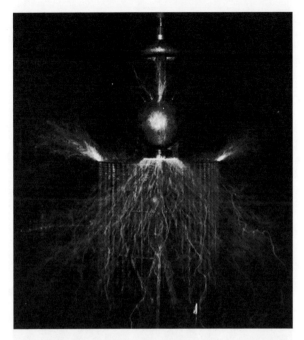

Figura 9. Experimento para ilustrar a capacidade do oscilador de criar um grande movimento elétrico.

A bola mostrada na fotografia, coberta com um revestimento metálico polido de 20 pés quadrados [1,85 metro quadrado] de superfície, representa um grande reservatório de eletricidade, e a panela de lata invertida embaixo, com uma borda afiada, uma grande abertura por onde a eletricidade pode escapar antes de encher o reservatório. A quantidade de eletricidade colocada em movimento é tão grande que, embora a maior parte dela escape pela borda da panela ou pela abertura fornecida, a bola ou reservatório é, no entanto, alternadamente esvaziada e cheia até transbordar (como é evidente pela descarga que escapa do topo da bola) 150 mil vezes por segundo.

Por mais extraordinários que possam parecer os resultados mostrados, eles são insignificantes em comparação com aqueles que são atingíveis por aparelhos projetados com base nesses mesmos princípios. Produzi descargas elétricas cujo caminho real,

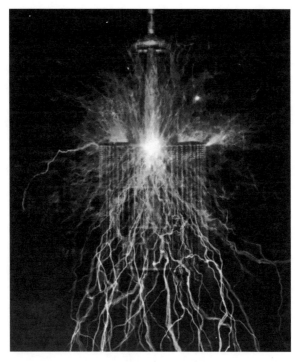

Figura 10. Visão fotográfica de um experimento para ilustrar o efeito de um oscilador elétrico fornecendo energia a uma taxa de 75 mil cavalos de potência [56 MW].

A descarga, criando um forte vento devido ao aquecimento do ar, é conduzida para cima através do telhado aberto do edifício. A maior largura é de quase 70 pés [21 m]. A pressão é superior a 12 milhões de volts e a corrente alterna 130 mil vezes por segundo.

de ponta a ponta, provavelmente tinha mais de 100 pés [30,5 metros] de comprimento; mas não seria difícil alcançar comprimentos cem vezes maiores. Produzi movimentos elétricos que ocorrem a uma taxa de aproximadamente 100 mil cavalos de potência [74,6 MW], mas taxas de 1, 5 ou de 10 milhões de cavalos de potência são facilmente praticáveis.

Nesses experimentos, desenvolveram-se efeitos incomparavelmente maiores do que qualquer outro já produzido por agentes humanos, e, ainda assim, esses resultados são apenas um embrião do que deve ser.

Que a comunicação sem fios para qualquer ponto do globo é praticável com tal aparelho não precisaria de demonstração, mas, através de uma descoberta que fiz, obtive certeza absoluta. Popularmente explicado, é exatamente o seguinte: quando elevamos a voz e ouvimos um eco em resposta, sabemos que o som da voz deve ter alcançado uma parede distante, ou fronteira, e deve ter sido refletida nela. Exatamente como o som, uma onda elétrica é refletida, e a mesma evidência fornecida por um eco é oferecida por um fenômeno elétrico conhecido como onda "estacionária" – isto é, uma onda com regiões nodais e ventrais fixas. Em vez de enviar vibrações sonoras para uma parede distante, enviei vibrações elétricas para os limites remotos da terra e, em vez da parede, a terra respondeu. No lugar de um eco, obtive uma onda elétrica estacionária, uma onda refletida de longe.

Ondas estacionárias na terra significam algo mais do que mera telegrafia sem fios a qualquer distância. Elas nos permitirão atingir muitos resultados específicos importantes, impossíveis de outra forma. Por exemplo, com seu uso podemos produzir à vontade, a partir de uma estação transmissora, um efeito elétrico em qualquer região particular do globo; podemos determinar a posição relativa ou o curso de um objeto em movimento, como uma embarcação no mar, a distância percorrida por ela ou sua velocidade; ou podemos enviar sobre a terra uma onda de eletricidade viajando em qualquer taxa que desejarmos, desde o ritmo de uma tartaruga até a velocidade do raio.

Com esses desenvolvimentos, temos todos os motivos para prever que, em um tempo não muito distante, a maioria das mensagens telegráficas através dos oceanos será transmitida sem cabos. Para distâncias curtas, precisamos de um telefone "sem fio", que não requer operadores especializados. Quanto maiores os espaços a serem transpostos, mais racional se torna a comunicação sem fio. O cabo não é apenas um instrumento facilmente danificado e caro, mas também nos limita na velocidade de transmissão em razão de uma certa propriedade elétrica inseparável de sua construção. Uma unidade adequadamente projetada para efetuar comunicação sem fio deve ter muitas vezes a capacidade de operação de um cabo, e ainda envolverá custos incomparavelmente menores. Não passará muito tempo, creio eu, antes que a comunicação por cabo se torne obsoleta, pois não só a sinalização por esse novo método será mais rápida e barata, como também muito mais segura. Usando alguns novos meios para isolar as mensagens que planejei, uma privacidade quase perfeita pode ser assegurada.

Observei esses efeitos até agora apenas até uma distância limitada de cerca de 600 milhas [966 km], mas, visto que não há praticamente nenhum limite para o poder das vibrações produzidas com tal oscilador, sinto-me bastante confiante no sucesso de tal unidade para efetuar a comunicação transoceânica. E isso não é tudo. Minhas medições e cálculos mostraram que é perfeitamente possível produzir em nosso globo, pelo uso desses princípios, um movimento elétrico de tal magnitude que, sem a menor dúvida, seu efeito será perceptível em alguns de nossos planetas mais próximos, como Vênus e Marte. Assim, de mera possibilidade, a comunicação interplanetária entrou no estágio de probabilidade. De fato, que podemos produzir um efeito distinto em um desses planetas dessa maneira nova, ou seja, perturbando a condição elétrica da Terra, está fora de qualquer dúvida. Essa maneira de efetuar tal comunicação é, no entanto, essencialmente diferente de todas as outras propostas até agora pelos cientistas. Em todos os casos anteriores, apenas uma fração diminuta da energia total que atinge o planeta – tanto quanto seria possível concentrar em um refletor – poderia ser utilizada pelo suposto observador em seu instrumento. Mas, pelos meios que desenvolvi, ele seria capaz de concentrar a maior parte de toda a energia transmitida ao planeta em seu instrumento, e as chances de afetar esse último aumentariam muitos milhões de vezes.

Além de máquinas para produzir vibrações com a potência necessária, devemos ter meios delicados capazes de revelar os efeitos de fracas influências exercidas sobre a Terra. Também para esses propósitos, aperfeiçoei novos métodos. Com seu uso, seremos igualmente capazes, entre outras coisas, de detectar a uma distância considerável a presença de um iceberg ou outro objeto no mar. Por seu uso, também, descobri alguns fenômenos terrestres ainda inexplicados. Que podemos enviar uma mensagem a um planeta é certo, que podemos obter uma resposta é provável: o homem não é o único ser no Infinito dotado de uma mente.

Capítulo XVI
Transmissão de energia elétrica a qualquer distância sem fios – Agora praticável – O melhor meio de aumentar a força acelerando a massa humana

A observação mais valiosa feita no curso dessas investigações foi o comportamento extraordinário da atmosfera em relação a impulsos elétricos de força eletromotriz excessiva. Os experimentos mostraram que o ar na pressão normal se tornou distintamente condutor, e isso abriu a maravilhosa perspectiva de transmitir grandes quantidades de energia elétrica para fins industriais a grandes distâncias sem fios, uma possibilidade que, até então, era cogitada apenas como um sonho científico. Investigações posteriores revelaram o importante fato de que a condutividade transmitida ao ar por esses impulsos elétricos de muitos milhões de volts aumentou muito rapidamente com o grau de rarefação, de modo que estratos de ar em altitudes muito moderadas, que são facilmente acessíveis, oferecem, de acordo com toda evidência experimental, um caminho condutor perfeito, melhor que um fio de cobre, para correntes desse tipo.

Assim, a descoberta dessas novas propriedades da atmosfera não apenas abriu a possibilidade de transmitir, sem fios, energia em grandes quantidades, mas, o que era ainda mais significativo, deu a certeza de que a energia poderia ser transmitida dessa maneira de forma econômica. Nesse novo sistema, pouco importa – na verdade, quase nada – se a transmissão é efetuada a uma distância de alguns quilômetros ou de alguns milhares de quilômetros.

Embora eu ainda não tenha realmente efetuado uma transmissão de uma quantidade considerável de energia, como seria de importância industrial, a uma grande distância por esse novo método, operei várias usinas-modelo exatamente nas mesmas condições que existirão em uma grande usina desse tipo, e a praticabilidade do sistema é completamente demonstrada. Os experimentos mostraram conclusivamente que, com dois terminais mantidos a uma altitude não superior a 30 mil-35 mil pés [entre 9 e 11 km] acima do nível do mar, e com uma pressão elétrica entre 15 milhões e 20 milhões de volts, a energia de milhares de cavalos de potência pode ser transmitida por distâncias que podem ser centenas e, se necessário, milhares de milhas. Estou esperançoso, no entanto, de poder reduzir consideravelmente a elevação dos terminais agora necessários e, com esse objetivo, estou seguindo uma ideia que promete tal realização. Existe, é claro, um preconceito popular contra o uso de uma pressão elétrica de milhões de volts, que pode fazer que faíscas voem a distâncias de dezenas de metros, mas, por mais paradoxal que pareça, o sistema, como descrevi em uma publicação técnica, oferece maior segurança pessoal do que a maioria dos circuitos de distribuição comuns agora usados nas cidades. Isso é, em certa medida, corroborado pelo fato de que, embora eu tenha realizado tais experimentos por vários anos, nem eu nem qualquer um de meus assistentes sofreu algum ferimento.

Mas, para permitir uma introdução prática do sistema, uma série de requisitos essenciais ainda devem ser cumpridos. Não basta desenvolver aparelhos por meio dos quais essa transmissão possa ser efetuada. A maquinaria deve ser tal que permita a transformação e transmissão de energia elétrica em condições altamente econômicas e práticas. Além disso, deve-se oferecer um incentivo àqueles que se dedicam à exploração industrial de fontes naturais de energia, como as cachoeiras, por meio da garantia de retornos maiores sobre o capital investido do que eles podem obter com o desenvolvimento local da propriedade.

A partir daquele momento em que se observou que, ao contrário da opinião estabelecida, estratos baixos e facilmente acessíveis da atmosfera são capazes de conduzir eletricidade, a transmissão de energia elétrica sem fios se tornou uma tarefa racional do engenheiro, e supera todas as outras em importância. Sua consumação prática significaria que a energia estaria disponível para uso do homem em qualquer ponto do globo, não em pequenas quantidades, como as que poderiam ser derivadas do meio ambiente por maquinário adequado, mas em quantidades virtualmente ilimitadas, de cachoeiras. A exportação de energia se tornaria então a principal fonte de renda para muitos países bem situados, como Estados Unidos, Canadá, América Central e do Sul, Suíça e Suécia. Os homens poderiam se estabelecer em todos os lugares, fertilizar e irrigar o solo com pouco esforço e converter desertos estéreis em jardins, e assim o globo inteiro poderia ser transformado e feito uma moradia mais adequada para a humanidade. É altamente provável que, se houver seres inteligentes em Marte, eles tenham percebido há muito tempo essa mesma ideia, o que explicaria as mudanças em sua superfície observadas pelos astrônomos. A atmosfera daquele planeta, sendo de densidade consideravelmente menor que a da Terra, tornaria a tarefa muito mais fácil.

É provável que em breve tenhamos uma máquina térmica autoatuante capaz de derivar quantidades moderadas de energia do meio ambiente. Existe também a possibilidade – embora pequena – de obtermos energia elétrica diretamente do Sol. Este pode ser o caso se a teoria de Maxwell for verdadeira, segundo a qual vibrações elétricas de todas as taxas deveriam emanar do Sol. Ainda estou investigando esse assunto. Sir William Crookes mostrou em sua bela invenção conhecida como "radiômetro" que os raios podem produzir por impacto um efeito mecânico, e isso pode levar a algumas revelações importantes quanto à utilização dos raios solares de novas maneiras. Outras fontes de energia podem ser abertas, e novos métodos de obtenção de energia do Sol descobertos, mas nenhuma dessas realizações, ou outras semelhantes, se igualaria em importância à transmissão de energia a qualquer distância através do meio. Não consigo conceber nenhum avanço técnico que tendesse a unir os vários elementos da humanidade de forma mais eficaz do que esse, ou algum que acrescentasse mais e economizasse mais energia humana. Ela seria o melhor modo de aumentar a força acelerando a massa humana. A mera influência moral de uma partida tão radical seria incalculável. Por outro lado, se em qualquer ponto do globo a energia puder ser obtida em quantidades limitadas do meio ambiente por meio de um motor térmico autoatuante ou de outra forma, as condições permanecerão as mesmas de antes. O desempenho humano aumentará, mas os homens permanecerão tão estranhos como eram antes.

Antecipo que qualquer pessoa despreparada para esses resultados, que, por longa familiaridade, parecem-me simples e óbvios, considerá-los-á ainda longe da aplicação prática. Tal reserva, e mesmo oposição, de alguns é uma qualidade tão útil e um elemento tão necessário no progresso humano quanto a rápida receptividade e entusiasmo de outros. Assim, uma massa que inicialmente resiste à força, uma vez colocada em movimento, contribui para a energia. O homem científico não almeja um resultado imediato. Ele não espera que suas ideias avançadas sejam prontamente adotadas. Seu trabalho é como o do plantador – para o futuro. Seu dever é lançar as bases para aqueles que estão por vir e apontar o caminho. Ele vive, trabalha e espera com o poeta que diz:

> *Schaff' das Tagwerk meiner Hände,*
> *Hohes Glück, dass ich's vollende!*
> *Laß, o laß mich nicht ermatten!*
> *Nein, es sind nicht leere Träume:*
> *Jetzt nur Stangen, diese Bäume*
> *Geben einst noch Frucht und Schatten.*

> Crio o trabalho do dia com minhas mãos,
> tenho sorte de concluí-lo!
> Não, oh, não me deixe cansar!
> Não, não são sonhos vazios:
> Agora apenas postes, aquelas árvores
> Um dia darão frutos e sombra.

> "Esperança", por Goethe.

SOBRE O LIVRO

Formato: 12 x 21 cm
Mancha: 18,2 x 39 paicas
Tipologia: Horley Old Style 10,5/14
Papel: Off-white 80 g/m^2 (miolo)
Cartão Supremo 250 g/m^2 (capa)

1ª edição Editora Unesp: 2023

EQUIPE DE REALIZAÇÃO

Edição de texto
Tulio Kawata (Copidesque)
Carmen T. S. Costa (Revisão)

Capa
Marcelo Girard

Editoração eletrônica
Sergio Gzeschnik

Assistência editorial
Alberto Bononi
Gabriel Joppert

Rua Xavier Curado, 388 • Ipiranga - SP • 04210 100
Tel.: (11) 2063 7000 • Fax: (11) 2061 8709
rettec@rettec.com.br • www.rettec.com.br